复杂可修装备可用度建模及优化

李军亮　祝华远　等著

国防工业出版社

·北京·

内 容 简 介

本书考虑了复杂可修系统可用度建模的基本方法以及影响因素,包括可靠性、维修性、保障性、环境因子等。综合运用概率统计、随机过程、计算机仿真等多种方法,构建了比较符合真实服役环境下复杂装备可靠性、维修性、保障性及环境因子的折算模型。在此基础上构建了系统的瞬态和稳态可用度模型,并进一步定义了可用度波动的参数,以及如何根据可用度波动规律优化预防性维修周期。书中构建的模型丰富了可用度建模及其研究在可靠性工程领域的内容,是对保障对象(装备)、保障系统、作战任务以及使用环境之间相互关系的积极探索,研究结果可准确评估复杂可修装备的使用可用度,评估装备在服役过程中的可靠性、维修效果、维修成本以及保障性等指标,为装备的预防性维修周期优化、保障、使用决策,甚至设计改型提供决策依据,为装备在役考核和维修模式改革提供技术支持。

本书可以作为军事装备学、航空宇航科学与技术、可靠性系统工程等学科专业的研究生教材使用,也可为可靠性领域的科研人员和工程师从事相关研究工作提供参考。

图书在版编目(CIP)数据

复杂可修装备可用度建模及优化/李军亮等著. —北京:国防工业出版社,2022.9

ISBN 978-7-118-12655-6

Ⅰ.①复… Ⅱ.①李… Ⅲ.①武器装备—维修 Ⅳ.①E92

中国版本图书馆 CIP 数据核字(2022)第 167357 号

※

国防工業出版社 出版发行

(北京市海淀区紫竹院南路 23 号 邮政编码 100048)

天津嘉恒印务有限公司印刷

新华书店经售

*

开本 710×1000 1/16 **彩插** 1 **印张** 7¼ **字数** 125 千字

2022 年 9 月第 1 版第 1 次印刷 **印数** 1—1500 册 **定价** 79.00 元

国防书店:(010)88540777 书店传真:(010)88540776

发行业务:(010)88540717 发行传真:(010)88540762

前　言

可用度是装备综合保障的顶层指标，综合反映了装备性能、可靠性、维修性和保障性等质量特性。一般将飞机、高铁、核动力装备、大型精密仪器等结构复杂，集机、电、液和控制于一体的复杂可修机电系统称为复杂可修装备。随着科技的不断进步和工业水平的不断提高，复杂可修装备呈现出高可靠、长寿命、高成本的特征，在其寿命周期内要经历复杂的任务剖面和多次维修，而不同的服役环境和维修行为不仅会对系统的可靠性产生影响，也会产生一定的维修和停机费用，尤其是对于飞机、直升机这种长周期服役装备，如何掌握其在不同任务区域或者寿命阶段可用度波动特性，提高其可用性和战备完好性是装备设计和使用保障部门共同关心和亟待解决的问题。

本书立足于海军航空装备保障的工程背景，基于可靠性工程理论，综合考虑复杂装备可靠性、维修性、保障性等因素对装备可用性的影响，采用概率统计、随机过程理论和通用发生函数等方法构建了复杂可修系统可用度模型，并介绍了如何基于可用度波动特性优化预防性维修周期。全书分为7章，第1章为绪论，主要介绍可用度的定义、模型分类、建模方法等。第2章为服役环境下复杂可修装备可靠性建模，主要介绍复杂服役环境下的寿命分布模型拟合方法以及多部件耦合系统的可靠性建模方法。第3章为不同维修行为维修效果度量及维修成本评估，主要介绍不同维修策略和维修行为对可靠性和经济性的影响。第4章为考虑不同维修策略的复杂系统可用度建模，主要介绍不同维修策略对系统可用建模的影响。第5章为考虑环境因子的复杂系统可用度建模，主要介绍不同服役环境下的环境因子折算方法以及如何将其与维修策略统一到可用建模过程中。第6章为基于可用度的预防性维修周期优化，定义了可用度波动参数，构建了基于可用度波动特性的预防性维修周期优化模型。第7章为总结与展望。书中以典型的海军航空装备（飞机、直升机等）的系统、子系统等为例对构建方法和模型进行了验证，出于保密性要求，其中的部分数据进行了模糊处理，但并不影响可读性。在写作过程中，作者阅读了国内外相关学者的文献，引用了其中许多重要研究成果，并在书中加以标准。作者对这些学者在该领域做出的重要贡献表示崇高的敬意，为能够引用他们的成果感到荣幸。标注中若有遗漏之处，还望原著作者予以谅解。

本书在撰写过程中得到了海军航空大学陈跃良教授、滕克难教授的悉心指导,本书的选题、研究、撰写和出版过程无不凝结着两位教授的心血。在此表示深深的感谢!

另外,本书的选题还得到了中国博士后科学基金(2019M653929)和山东省自然科学基金(ZR201910310210)的资助。

复杂可修装备可用度建模与优化涉及面广、综合性强,尽管作者在撰写过程中着力于相关理论及技术与复杂可修装备维修保障实践的紧密结合,但作者水平有限,书中谬误之处在所难免,敬请广大读者、同行专家批评指正。

全体作者

2022 年山东青岛

目　录

第1章 绪 论

1.1 研究背景

可用性是指产品在任一随机时刻需要和开始执行任务时,处于可工作或可使用状态的程度,是装备综合保障的顶层指标,综合反映了装备性能、可靠性、维修性和保障性等质量特性[1-3]。随着科技的进步,航空装备朝着系统化、集成化的方向发展,装备功能与组成的复杂性以及使用与保障的复杂性日益增加,且随着服役时间和服役环境的变化,其故障行为也是不断变化的,而且不同的维修策略和保障水平也会影响装备可用性,因而装备在服役周期内可用度是存在波动的,但是在第三代飞机列装初期,人们没有认识到复杂装备可用度波动特性对装备完好性的重要影响,造成了这些武器装备在部署初期可用度水平很低。例如,美军第三代飞机 F-15 在 20 世纪 80 年代装备部队初期的一次战备演习中,72 架飞机仅有 27 架能够飞行,其余飞机因缺乏备件等原因被迫停飞,装备可用度只有 37.5%,几乎形成不了作战能力。同样,近年来随着我军新型飞机、直升机等复杂装备逐渐增多,与美军 F-15 飞机同样的问题开始凸现[4]。这些复杂装备的可用度在部队使用初期或者使用环境发生变化时大多表现出较大范围的波动,严重地影响了装备作战使用。

因此,充分考虑可用度建模的各项影响因子,构建符合复杂服役环境下的装备可用度模型,掌握装备在不同寿命阶段和服役区域内各项质量特性的变化规律,进一步掌握甚至控制装备的可用度,为装备的使用、保障、维修乃至优化迭代设计提供决策依据是目前亟待解决的问题。

1.2 相关概念及发展

1.2.1 可用度的定义及影响因子

可用度是表征系统可用的重要指标,是可用性的概率度量。可用度可以度量系统的可靠性、维修性、保障性等多种通用质量特性。在工程实践上影响装备可用的因素比较多，除了系统固有可靠性外，还受到维修行为、使用环境和保障条件的影响。影响复杂可修系统不可用的因素有故障与维修时间、维修等待与延误时间等因素，其中维修时间又包括修理、故障检测、隔离等，而延误时间主要包括行政管理延误和保障资源延误时间。这些不同的因素影响着系统可用度建模的复杂度和精准度。

另外，随着科技的进步，不同结构形式的多部件系统成为现代工业系统中最为常见的存在形式，具有以下特点：部件多、故障模式多、存在故障传播，可以多状态运行，每种部件、子系统的维修策略不一样，而且具有很长的服役周期或者生命周期，系统可靠性可能会随着服役环境和维修行为发生变化[5-13]。综上所述，可用度建模的影响因子如图1-1所示。

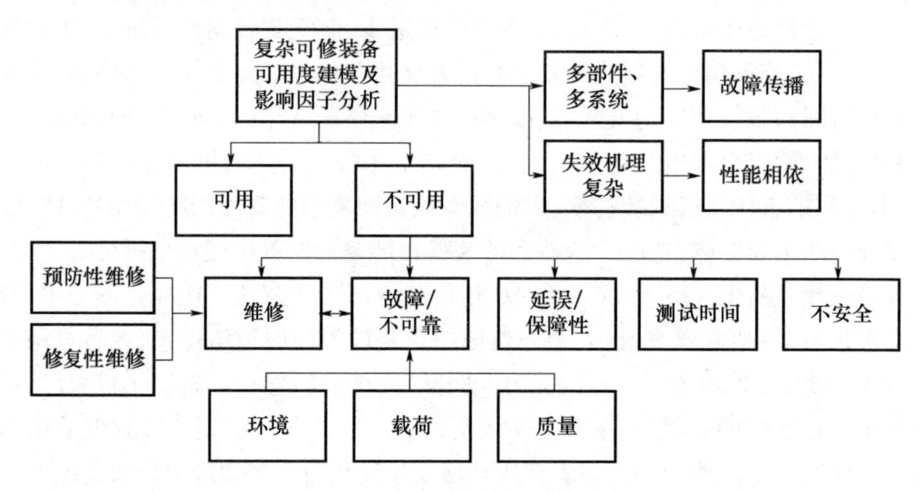

图1-1　可用度建模的影响因子

由图1-1可知，装备在服役过程内要经历运行、维修、等待和待机等多种状态，其中运行状态和待机状态为可用状态，其他则为不可用状态，每种状态则由多种因素影响，主要包括内部因素和外部因素，内部因素主要指装备的质量，而外部因素主要为环境因素和载荷等。具体到装备可用度模型中，这些因素会表现为可靠度、维修时间、维修效能、延误时间、环境因子等参数，而不同的可用度模型和建模方法中各种参数的具体形式也不一样，下面对不同类型的可用度模型、建模方法以及各项因子研究现状进行分析。

1.2.2　可用度模型

在时域维可用度可以区分为瞬时可用度（点可用度）、区间可用度（开工可用度)和极限可用度[1]。三者之间有着密切的联系,瞬时可用度 $A(t)$ 是指系统在某一时间点的可用程度,区间可用度 $A(T)$ 是指在某一给定时间区间 $t \in [t_1, t_2]$ 内的可用度,极限可用度 $A(\infty)$ 则是时间 $\lim t \to \infty$ 趋于无穷时(或者全寿命周期内)的可用度,其中区间可用度和极限可用度都属于稳态可用度,瞬时可用度是计算区间可用度和稳态可用度的基础[14-16]。

根据瞬时可用度可以求出系统的开工时间可用度和极限可用度。开工时间可用度模型是指在某一特定的时间区间 $(0, T)$ 内系统的可用时间长度与整个区间长度的比值[15],即

$$A(T) = \frac{1}{T}\int_0^T A(t)\,\mathrm{d}t \tag{1-1}$$

极限可用度的定义为

$$A(\infty) = \lim_{T \to \infty} A(T) \tag{1-2}$$

其中开工可用度和极限可用度又可以称为稳态可用度,稳态可用度是在预防性维修周期优化中最常用的参数。在工程实践中,根据影响停机的因素,稳态可用度又可以分为固有可用度、可达可用度和使用可用度。

固有可用度仅与装备能工作时间和修复性维修引起的不能工作时间有关,其形式为

$$A_{\mathrm{inh}} = \lim_{t \to \infty} A(t) = \frac{\mathrm{MTBF}}{\mathrm{MTBF} + \mathrm{MTTR}} \tag{1-3}$$

式中:MTBF 为平均故障时间间隔;MTTR 为平均系统修复时间。

可达可用度仅与装备能工作时间和修复性维修以及预防性维修引起的不能工作的时间有关,即

$$A_{\mathrm{a}} = \frac{\mathrm{MTBM}}{\mathrm{MTBM} + \overline{M}} \tag{1-4}$$

式中:MTBM 为平均维修间隔时间,包含了预防性维修和非计划性维修;$\overline{M}$ 为平均停机时间,由 MCMT 和 MPMT 组成;MCMT 为平均修复性维修时间;MPMT 为平均预防性维修时间。

使用可用度是一种在工程上较为常用的稳态可用度模型,与能工作时间和所有不能工作时间有关,使用可用度可以较好地度量系统的可靠性、维修性和保障性参数,成为目前飞机、舰船等复杂装备在设计、使用阶段使用的重要指标,其形式为

$$A_0 = \frac{\mathrm{MTBM}}{\mathrm{MTBM} + \mathrm{MCMT} + \mathrm{MPMT} + \mathrm{MSD}} \tag{1-5}$$

式中:MTBM 为平均维修间隔时间;MCMT 为平均修复性维修时间;MPMT 为平

均预防性维修时间;MSD 为备件供应平均延误时间。

《装备可靠性维修性保障性要求论证》(GJB 1909A—2009)中将系统的使用可用度模型定义为[2]

$$A_{\mathrm{o}}=\frac{T_{\mathrm{U}}}{T_{\mathrm{T}}}=\frac{T_{\mathrm{U}}}{T_{\mathrm{U}}+T_{\mathrm{DW}}}=\frac{T_{\mathrm{O}}+T_{\mathrm{S}}}{T_{\mathrm{O}}+T_{\mathrm{S}}+T_{\mathrm{CM}}+T_{\mathrm{PM}}+T_{\mathrm{OS}}+T_{\mathrm{D}}} \tag{1-6}$$

式中:T_{U} 为能工作时间;T_{T} 为总拥有时间;T_{DW}为不能工作时间;T_{O} 为工作时间;T_{S} 为备用待机时间;T_{CM}为修复性维修总时间;T_{PM}为预防性维修总时间;T_{OS}为使用保障时间;T_{D} 为延误时间。

使用可用度除了受到系统固有可靠性和维修性影响外,还经常受到维修/保障资源的影响,如保障资源的配比率、延误率、延误时间等。复杂装备在维修过程中,备件延误是保障资源延误的主导因素[11-13],也是计算可用度需要考虑的主要因素。目前研究较多的是基于 METRIC 的可用度模型,多级备件 METRIC 管理模型可以计算稳态故障率的系统可用度,采用该模型时需要考虑系统结构、待更换备件的组件/子系统数量、故障率、任务时间等因素[16-20]。该模型可以合理预测和管理备件,进而提高装备可用度。

丁定浩[13]构建了适用于任务剖面为连续工作状态的使用可用度,考虑了系统的结构形式,包含串联、并联及表决结构,同时考虑了由于维修、保障延误引起的停机时间,同时在模型中引进了延误率和修复率。

$$A_0=\frac{t_{\mathrm{d}}}{1+\left\{\sum_{i=1}^{n_{s1}}\frac{\mathrm{MTTR}_i+\mathrm{MLDT}_i}{\mathrm{MTBF}_i}+\sum_{j=1}^{n_{s2}}\frac{\mathrm{MTTR}_j+\mathrm{MLDT}_j}{\frac{1}{u_j}\sum_{i=1}^{n_j}\frac{1}{l!}\left(\frac{u_j}{\lambda_j}\right)^{I}P_{sj}+\frac{1}{\lambda_j}\sum_{i=1}^{n_j}\frac{1}{j!}\overline{P}_{sj}+\sum_{k=1}^{n_{s3}}\frac{\mathrm{MTTR}_k+\mathrm{MLDT}_k}{\frac{(k-1)!}{u_k}\sum_{l=k}^{n_k}\frac{1}{l!}\left(\frac{u_k}{\lambda_k}\right)^{i-k+1}P_{sk}+\frac{\frac{k}{P_{sk}}}{\lambda_k}\sum_{l=k}^{n_k-k}\frac{1}{n_k-l}+\sum_{l=1}^{n_{s4}}\frac{t_{fl}}{T_{Fl}}}}\right\}} \tag{1-7}$$

式中:t_{d} 为出动的准备时间;n_{s1}为串联结构的单元数;n_{s2}为并联结构的单元数;n_{s3}为表决结构的单元数;n_{s4}为预防维修项目数;n_j 为并联结构单元中的子单元数;n_k 为表决结构单元中的子单元数,备件延误时间;$\lambda_{j,k}$和 $u_{j,k}$分别为并联、表决结构中子单元的失效率和修复率;$\mathrm{MTTR}_{i,j,k}$和 $\mathrm{MLDT}_{i,j,k}$为不同结构中的单元或子单元的平均修复时间和平均保障延误时间;$P_{sj,sk}$和$\overline{P}_{sj,sk}$为并联、表决结构的备件得到保障和现场缺少备件的概率;T_{Fl}为第 l 序号的预防维修平均修复时间;t_{fl}第 l 序号的预防维修周期。

该模型可以描述包含故障、维修、延误等多项因素的一般结构系统可用度,可以对装备在实际使用过程中的可用度进行有效评估,进而指导维修保障系统的设计。但是该模型没有考虑维修效能和使用环境对系统可用度的影响,因而在进行预防性维修周期决策、各项指标阈值确定、维修成本优化等工作中的结果与工程实践要求还有一定差距。

1.2.3 可用度建模方法

近年来很多学者对装备可用度以及装备的可用度影响因子进行了研究，开展了很多有意义的工作。截至目前，可修装备可用度建模的方法有基于概率的迭代方法、随机过程模型、仿真模型、综合模型及其他模型等[21-30]，如图1-2所示。

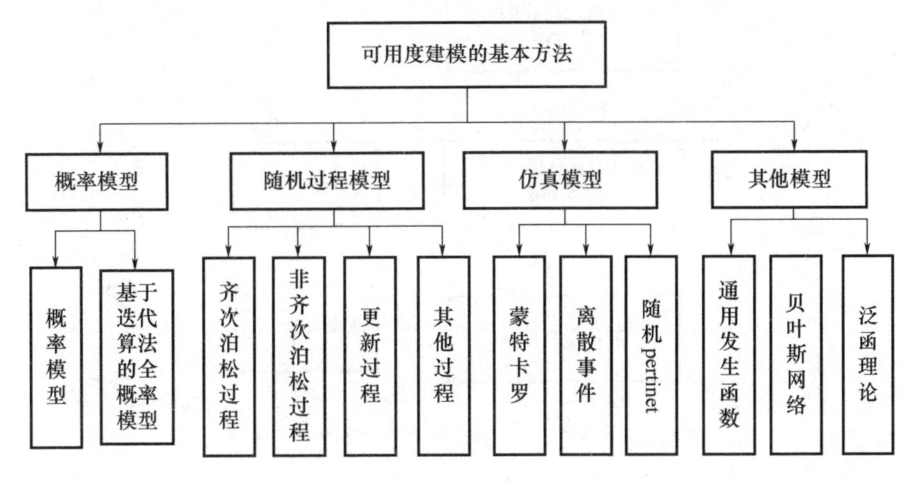

图1-2 可用度建模的基本方法

1. 基于迭代算法的可用度模型

Barlow 和 Proschan[9] 在1975年提出了周期性检查的可修装备可用度模型；Hoyland 和 Rausand[10] 发展了该思想，假设修理时间 $\nu\equiv0$ 时，构建了一种特殊情况的系统可用度模型；Sarkar J[25] 设计了一种递归算法，利用全概率公式计算了系统故障时间服从伽马分布、修理时间服从指数分布的周期性检查系统的可用度模型；Sarkar J[26] 在2000年构建了故障时间服从任意分布、维修时间为常数的周期性检查系统可用度模型，并在2001年构造了单备件更换策略的周期性检查装备的可用度模型[27]。Sarkar J 设计的基于全概率的可用度模型的基本思路可以如图1-3所示。

图1-3中，τ 为检查周期，该类方法的重点在求解 $A(k\tau)$ 和 $A((k+1)\tau)$ 之间的迭代关系，并分别针对不同研究对象给出了相应的算法和证明过程，其共同点是根据系统的初始状态，利用全概率公式表示初始状态下的系统可用度，然后采用数学归纳法证明 $A(k\tau)$ 和 $A((k+1)\tau)$ 的迭代关系，最终获得在不同检查周

期内系统瞬时可用度模型 $A(t)$,当 $\lim\limits_{t\to\infty}A(t)$ 存在时可获得极限稳态可用度 A[29]。Cui Lirong 和 Xie M. 等[28]在此基础上,研究了维修时间为常数或者任意分布的周期性检查的可用度模型,并且对 Sarkar J 所建模型中检查时间进行了更合理的调整。但是上述研究均是假设系统只包含一种故障模式,未考虑竞争故障模型和多故障联合模型。Liu Qingan 和 Cui Lirong 等[30]构建了包含竞争性故障和一般维修分布的周期性检查的系统可用度模型,如式(1-8)所示。

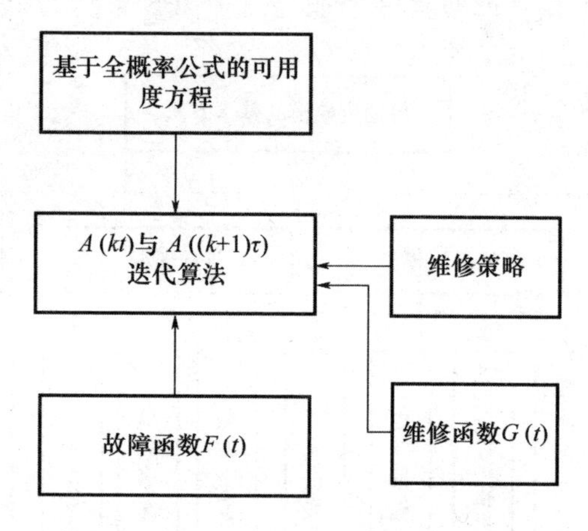

图 1-3　基于迭代算法的可用度计算流程

$$
\begin{aligned}
A(t) &= R(t) + \sum_{n=o}^{\lfloor t/T \rceil}\sum_{i=1}^{M}\int_{nT}^{(n+1)T}R(t)\lambda_i(t)\mathrm{d}t\int_0^{t-(n+1)T}A(t-(n+1)T-y)g_i(y)\mathrm{d}y \\
&= R(t) + \sum_{n=o}^{\lfloor t/T \rceil}\sum_{i=1}^{M}\int_{nT}^{(n+1)T}f_i(t)\mathrm{d}t\int_0^{t-(n+1)T}A(t-(n+1)T-y)g_i(y)\mathrm{d}y
\end{aligned}
\tag{1-8}
$$

式中:$R(t)$ 为系统可靠度函数;$\lambda_i(t)$ 为第 i 种故障模式的故障率;$g_i(y)$ 为第 i 种故障模式对应的维修时间分布概率密度;$f_i(t)$ 为第 i 种故障概率密度;M 为故障模式种类;T 为系统检查周期。该模型虽然可以表示任意故障模式和维修时间的周期性检查系统的可用度模型,但是建模过程中忽略了系统检查时间、测试时间及延误时间等多种因素,且采取完全维修策略。Sharareh Taghipour[31]假设系统存在软、硬两种故障,采取不完全维修策略设计了不同周期之间的迭代算法,构建了该类系统的可用度模型,是对基于概率迭代模型的进一步完善。但是该类算法不能充分考虑系统的结构形式,主要研究对象都是一些简单系统,如单部件、二部件系统等。

2. 基于随机过程理论的可用度模型

随机过程是描述系统故障、维修、等待、工作等多种状态逗留和转移的有力工具,根据不同状态转移概率和逗留时间的分布形式,可以采用不同的随机过程来构建系统的状态方程。与迭代算法相比较,随机过程理论求解步骤和过程更容易掌握,在计算过程中有两个关键步骤:一是如何定义系统的状态;二是如何获得系统的转移概率矩阵。指数分布是一种常见且具有代表性的分布,当系统寿命分布和维修时间分布均为指数分布时,只要合理定义装备的状态,便可以使用马尔可夫过程来进行可用度的建模和求解。曹晋华和程侃[15]系统地分析了马尔可夫系统可用度建模问题。研究了马尔可夫系统以及非马尔可夫过程的系统瞬时可用度 $A(t)$ 和稳态可用度 A,给出了串联、并联和表决系统可用度建模的一般方法,其建模的基本步骤包括以下内容。

(1) 定义系统的状态,令 $E=\{0,1,\cdots,N\}$ 为系统的状态集,其中 $W=\{0,1,\cdots,K\}$ 为系统正常工作状态,$F=\{K+1,\cdots,N\}$ 为系统故障状态集。

(2) 定义随机过程 $\{X(t),t\geqslant 0\}$。

(3) 求转移概率矩阵 $\boldsymbol{A}$,对已定义的过程,导出

$$P_{ij}(\Delta t)=a_{ij}\Delta t+o(\Delta t),\quad i\neq j;i、j\in E \tag{1-9}$$

进一步写出转移率矩阵,即

$$\boldsymbol{A}=(a_{ij}) \tag{1-10}$$

$a_{ii}=-\sum\limits_{i\neq j}a_{ij}$。

(4) 求 $P_j(t)=P\{X(t)=j\},j\in E$,解微分方程组,即

$$\begin{cases}(P'_0(t),P'_1(t),\cdots,P'_N(t))=(P_0(t),P_1(t),\cdots,P_N(t))\boldsymbol{A}\\ \text{初始分布}(P_0(0),P_1(0),\cdots,P_N(0))\end{cases} \tag{1-11}$$

具体解法可用拉普拉斯变换,将上面的微分方程组化为线性方程组,解出线性方程组后再做反演。

(5) 求系统可用度,系统的瞬时可用度和稳态可用度分别为

$$A(t)=\sum_{j\in W}P_j(t) \tag{1-12}$$

$$A=\lim_{t\to\infty}A(t)=\lim_{s\to 0}sA^*(s) \tag{1-13}$$

特别地,对于单部件系统,当系统维修和故障时间均服从指数分布且系统在初始时刻处于正常状态时,系统的瞬时可用度为

$$A(t)=\frac{u}{\lambda+u}+\frac{\lambda}{\lambda+u}\mathrm{e}^{-(\lambda+u)t} \tag{1-14}$$

式中:λ 和 u 分别为系统寿命 X 和修理时间 Y 的分布参数。此时,系统的稳态可用度为

$$A=\frac{u}{\lambda+u} \tag{1-15}$$

采用基于随机过程理论的可用度建模时，系统的状态方程主要由故障分布时间、维修分布时间及等待时间的分布确定。如果上述时间均服从指数分布，则为马尔可夫过程；如果服从任意同一分布，则为更新过程；如果分布形式或者参数变化，则为一般过程，需要针对具体问题进行分析。Yusuf 和 Ibrahim[32] 研究了并联系统的可用度模型，系统状态方程采用了 Chapman - Kolmogorov 前进方程；Medhat 等[33]研究了 K/N 系统的可用度，用连续时间的非齐次泊松 - 马尔可夫方程表示系统状态；Ajay Kumar 等[34]研究了串并联系统可用度建模，采用马尔可夫过程描述系统状态方程，并对系统的维修周期进行了优化；Madhu Jain 等[35]研究了基于可用度的多状态退化系统的维修周期间隔确定方法，并且研究了存在共因失效和多故障模式的冗余系统可用度建模[36]，通过 4 阶龙格 - 库塔方法进行了求解；Yang L 和 Ma X 等[37-38]基于非齐次泊松过程（NHPP）构建了存在竞争故障的系统可用度方程，构建状态方程时考虑了等待时间分布。

基于随机过程的系统可用建模可以考虑系统的具体结构，包括串联、并联、表决和冗余等多种形式，也可以考虑不同的维修策略，包括最小维修、完全维修、不完全维修等，但是当系统结构过于复杂，或者系统内部包括故障传播或者性能相依时，求解过程将会变得相当复杂，甚至出现 NP - hard 问题。

3. 基于 UGF 的可用度模型

UGF（Universal Generating Function）是现代离散数学领域的重要方法，它能以某种统一的程序方式处理求数列的表达式、求递推关系、求数列均值和方差等问题。Levitin G 和 Lisnianski A[39-43]在可靠性领域应用和发展了该方法，使之成为多性能状态系统可靠性分析和建模的新工具，UGF 在计算多状态、多部件且存在故障传播的复杂系统可用性时具有独特的优势，在国内也得到很多应用和发展[44-45]。基于 UGF 可用度建模的基本思路和方法如图 1-4 所示。

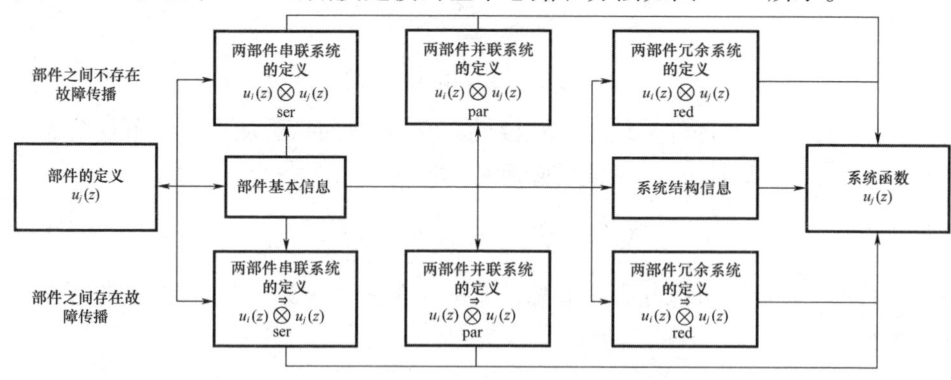

图 1-4　基于 UGF 的系统可用度建模

在图1-4中，$u_i(z)\underset{\text{ser}}{\otimes}u_j(z)$为不存在故障传播的串联系统UGF算子，$u_i(z)\underset{\text{par}}{\otimes}u_j(z)$为不存在故障传播的并联系统UGF算子，$u_i(z)\underset{\text{red}}{\otimes}u_j(z)$为不存在故障传播的冗余系统UGF算子，$u_i(z)\underset{\text{ser}}{\overset{\Rightarrow}{\otimes}}u_j(z)$为包含故障传播的串联系统算子，$u_i(z)\underset{\text{par}}{\overset{\Rightarrow}{\otimes}}u_j(z)$为包含故障传播的并联系统算子，$u_i(z)\underset{\text{red}}{\overset{\Rightarrow}{\otimes}}u_j(z)$为包含故障传播的冗余系统UGF算子，$U_s(z)$为系统UGF函数。

基于UGF的可用度建模方法主要难点在于设计不同结构的u算子，该方法在计算过程中易于操作，主要是因基于u变换，可以减少计算量，利于编程实现。面向不同的研究对象，UGF有了新的发展，表现在以下3个方面：一是多状态模糊通用发生函数的产生与应用[24,42]；二是将UGF和随机过程理论结合使用[46-47]；三是构建多参数的向量通用发生函数[48]。

4. 基于仿真算法的可用度模型

在上述研究过程中，研究对象从单部件到多部件，故障/维修时间从特殊分布到一般分布，从单一失效模型到竞争失效模式，总体上是从简单到复杂，但是当系统的部件数量较多、系统更为复杂时，上述方法模型在求解过程中容易出现NP-hard问题，因此需要综合利用计算机仿真和新的技术方法来解决。计算仿真的主要方法有蒙特卡洛仿真[49-50]、基于离散事件的可用度建模[51-54]、Pertinent建模以及基于贝叶斯网络[55-56]的可用度建模。该类方法建模的基本思路如图1-5所示。

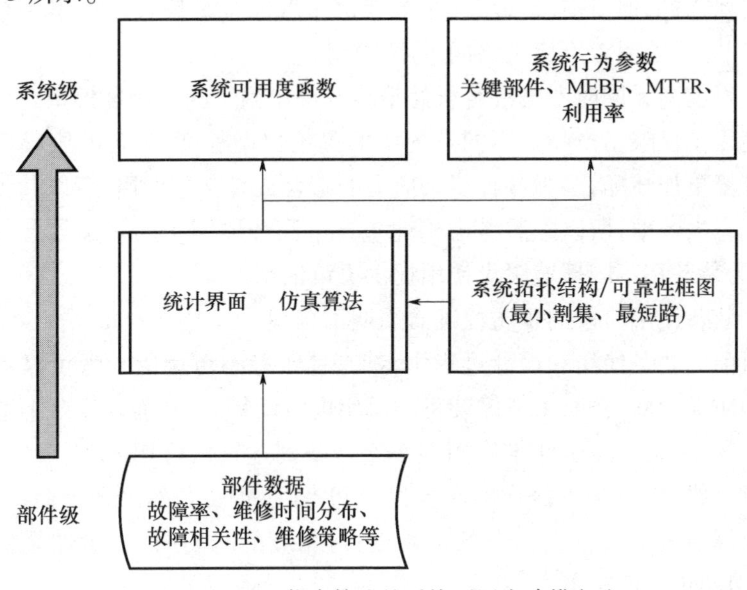

图1-5　基于仿真算法的系统可用度建模方法

计算机仿真方法主要通过计算机软件对部件和系统故障行为的多次模拟实现系统可用度评估，可以准确反映系统结构的拓扑特性，但是没有精确的数学模型，而且随着系统规模的增大算法运行时间增长。

除了上述研究外，徐厚宝等采用泛函分析的方法研究了复杂系统的可用度模型[57-58]。上述算法各有优劣，在解决具体问题时经常将多种方法结合起来使用。

1.3 需要解决的问题

综上所述，目前该方面的研究工作仍然不能满足装备发展的实际需求，主要存在以下问题。

(1) 服役环境中复杂装备可靠性建模及评估的精确性有待提高。

航空产品具有高可靠、长寿命的特征，研制生产阶段的可靠性试验和验证手段无法准确推断出其在服役环境下的可靠性水平，从而制约了其使用保障效能的提高，因此如何基于服役故障数据构建其可靠性模型，是可用度建模的基础。

(2) 不同维修策略对可用度建模影响的研究不够深入。

维修是保持和恢复装备可靠性的主要手段，不同维修行为会产生不同的维修效果和维修成本，准确度量维修行为对系统可靠性的影响程度及确定维修时间分布是可用度建模的主要因素之一，而维修成本则是分析装备保障效能和经济性的主要指标，但目前的可用度主要考虑采取完全维修策略或不完全维修策略，尚无同时考虑混合维修策略的可用度模型。

(3) 目前尚无同时考虑混合维修策略及环境因子的可用度模型。

环境因子反映了产品在不同环境中的失效快慢程度，装备的服役环境往往比试验环境更加严酷，多为各种复杂应力的综合或者交替作用，所以其失效率会不同于固有失效率，所以急需考虑构建包含不同环境因子的复杂装备可用度模型，从而为装备在不同环境服役使用提供决策依据。

(4) 装备使用阶段的预防性维修周期不合理。

在目前的装备使用和设计过程中，都是基于稳态可用度或者可靠度来确定装备的预防性维修周期，未考虑装备的可用度波动特点，从而在客观上造成了以下两种情况：一是当预防性维修周期小于装备到达最低可用度/可靠度的时间，会出现过度维修，增加维修成本和停机时间，并浪费装备的剩余寿命；二是当预防性维修周期大于装备到达最低可用度/可靠度的时间时，会增加装备使用风险，容易引起致命性灾害[1-5]。

1.4　主要研究内容

针对上述问题，本书在已有研究成果的基础上，基于可靠性工程理论，综合考虑复杂装备可靠性、维修性、保障性等因素对装备可用性的影响，采用概率统计、随机过程理论和通用发生函数方法构建系统可用度模型，基于可用度波动特性进行预防性维修周期优化。进一步准确评估军用飞机等复杂可修装备的瞬时可用度、稳态可用度，并基于可用度波动规律确定合理的预防性维修周期，从而提高军用飞机等复杂可修装备的完好率，降低装备的维修成本，推动装备综合保障理论和工程的发展，为装备在役考核等提供工作方法支持。

各章节的主要内容如下：

第1章为绪论。介绍本书的研究背景和意义。分析了可用度模型分类、建模方法以及影响可用度建模的影响因子的研究现状，提出了复杂可修装备可用度建模及影响因子分析研究的难点和问题，为进一步的研究提供参考。

第2章为服役环境下复杂可修装备可靠性建模。首先研究基于故障数据的复杂装备寿命分布拟合模型构建及求解算法设计；其次考虑复杂系统内部各部件、组件、系统的耦合性，设计了基于UGF的多状态性能相依的复杂系统可靠性建模的通用仿真程序，为可用度建模奠定基础。

第3章为不同维修行为维修效果度量及维修成本评估。根据复杂装备在服役过程的维修特点，基于正态分布函数构建不完全维修行为的效能模型，并构建了机会维修的维修成本评估模型，解决了复杂装备维修行为效果度量及成本评估的难题。

第4章为考虑不同维修行为的可用度建模。首先考虑基于完全维修策略的一般维修时间分布的周期性检查装备的可用度模型，在建模过程中设计了一种迭代算法，完善了此类算法的不足；其次，基于随机过程模型构建了考虑不同维修策略和一般维修时间分布的可用度模型。

第5章为考虑环境因子和混合维修策略的可用度建模。分析了不同寿命分布模型的环境因子折算方法，在此基础上合理划分系统各阶段的聚类状态，基于随机过程构建了考虑环境因子和混合维修策略的复杂系统瞬时可用度和稳态可用度模型，并且对环境因子和维修周期的灵敏度进行了分析。

第6章为基于可用度的预防性维修周期优化。构建了基于可用度波动特性的预防性维修周期优化模型，定义了可用度波动参数，以可用度振幅为约束构建优化模型，以可用度最大为优化目标，采用粒子群算法对其进行求解，获得非周期性的可用度和最佳维修周期的组合解。

第7章为展望。对本书所做工作进行了总结,分析讨论了不足之处,并对未来的研究方向进行了展望。

本书的基本架构如图1-6所示。

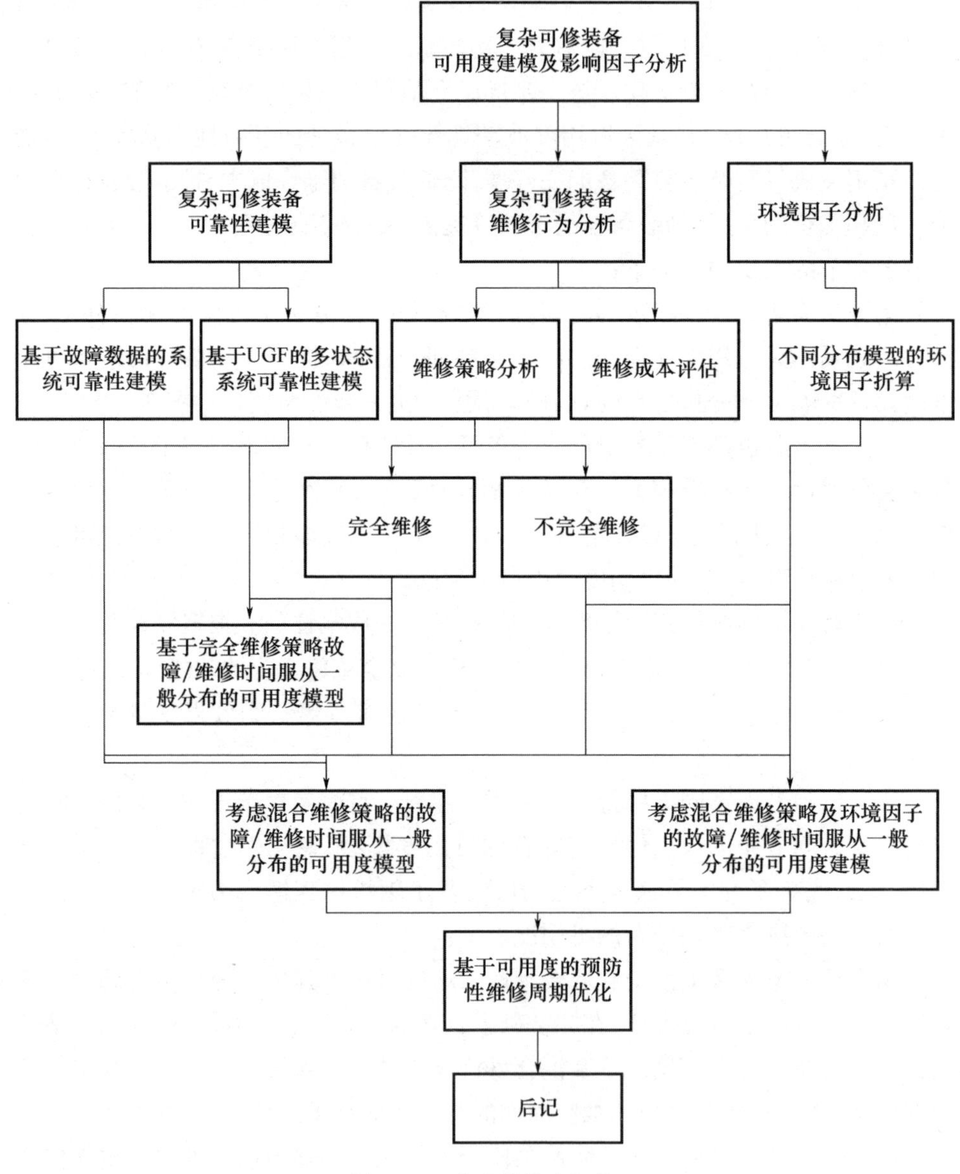

图1-6　本书的基本架构

第 2 章　服役环境下复杂可修装备可靠性建模

舰载机是典型的复杂可修装备，服役时间长、服役环境恶劣，要遂行多种作战任务，需在沿海、近海、远海等环境中服役，机载设备受到温度、湿度、气压、盐雾、振动、加速度等多种自然环境应力和平台环境应力耦合作用，故障率高且失效模式复杂，严重影响舰载机作战效能的发挥。因此，建立科学的评价方法，并准确评价与控制舰载机机载产品的可靠性是亟待解决的问题。

机载产品主要包括机械类、电子类以及机电耦合产品，具有小批量、多批次、高可靠、长寿命等特点，研制生产阶段的可靠性试验只能收集在特定应力下的产品可靠性信息，不能完全模拟真实使用环境，且《可靠性鉴定和验收试验》(GJB 899A—2009)主要对寿命分布为指数分布的设备级产品的可靠性试验进行规范，未能考虑非指数型分布或具有性能退化特征的产品特征，适用范围有限[59-60]。因此，需解决两个方面的难题：一是基于机群在服役环境下的故障样本合理拟合出其可靠度模型；二是解决复杂装备多部件耦合和性能相依的复杂系统可靠度建模问题。

2.1　基于服役故障数据的系统可靠性建模

工程中处理寿命分布的方法有两种：一是根据先验信息(主/客观信息)选择适用的分布；二是根据经典分布模型进行寿命数据拟合、拟合优度检验以及参数估计[61-62]。常用的寿命分布模型有指数、正态、对数正态、威布尔和伽马分布等(表 2-1)[63]，但是不同的分布模型都有各自的使用范围，工程经验表明电子产品的失效多为指数分布[64-65]，机械部件的疲劳过程则服从威布尔分布或对数正态分布[66-67]。

表 2-1　典型产品寿命分布类型对照表

分布形式	适用范围
指数	具有恒定失效率的部件，无余度的复杂系统，进行周期维修的部件
威布尔	某些电容器、滚珠轴承、继电器、电动机、航空发电机、电缆、蓄电池、材料疲劳等

续表

分布形式	适用范围
对数正态	电机绕组绝缘体、半导体器件、硅晶体管、直升机旋翼叶片，飞机结构，金属疲劳等
正态	飞机轮胎磨损及某些机械产品

机载产品结构复杂，一般是机械、电子和液压等器件的组合，在实际使用过程中故障行为复杂，往往存在故障传播[45]、故障耦合及共因失效[68]等特征，因此单一分布的拟合能力有限。复杂系统可靠性建模时需要综合利用可靠性数学模型和逻辑模型，其一般计算流程如图 2－1 所示。但该类系统在进行可靠性化简后多为串联系统，串联模型在采用式(2－1)计算时衰减较快，不能真实地反映系统可靠性水平。

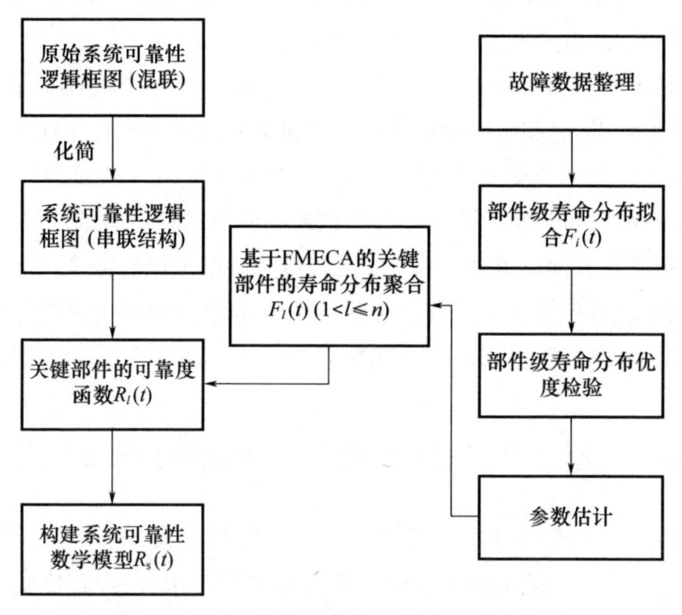

图 2－1　基于可靠性综合的系统可靠性建模

如图 2－1 所示，面向不同的研究对象，首先绘制系统的可靠性逻辑框图，利用不同部件故障数据拟合其寿命分布模型 $F_i(t)$，再进行拟合优度检验及参数估计，在此基础上根据 FMECA 及可靠性框图化简结果构建各关键部件的可靠度函数，最终构建系统的可靠性数学模型，最简形式的可靠性数学模型为

$$R_s(t) = \prod_{i=1}^{n} R_i(t) \tag{2-1a}$$

$$R_s(t) = 1 - \prod_{i=1}^{n} (1 - R_i(t)) \tag{2-1b}$$

$$R_s(t) = \sum_{i=0}^{n-r} C_n^i R(t)^{n-i} \times [1 - R(t)]^i \qquad (2-1c)$$

式中：$R_s(t)$ 为多个部件组成的系统可靠度；$R_i(t)$ 为第 i 个部件的可靠度，其中式(2-1a)为系统串联结构的可靠度数学模型，式(2-1b)为并联系统的可靠性数学模型，式(2-1c)表示系统由 n 个相同部件组成的 N/K 系统。

但是因为系统结构复杂、不同部件的寿命分布类型和参数各异，所以计算过程会相当复杂。为了快速评估系统可靠性，可以将系统看作一个整体，根据其服役中产生的故障数据进行寿命分布拟合。黄卓等[69]根据伽马分布在$[0, +\infty]$上的全体概率分布函数中稠密，可以逼近任意寿命分布函数的特性，采用混合伽马分布构建了一种通用的寿命数据拟合方法。基于 EM(Expectation Maximun)算法求解分布参数，设计了混合分布的分支控制策略，其拟合结果与单一分布拟合相比较更为精确。在此基础上，根据伽马分布的自身特性，构建一种更为简洁和有效的混合分布模型和优化求解算法，并结合实际算例对构建方法进行验证。

2.1.1 基于混合伽马分布的寿命分布拟合

有限混合伽马分布在$[0, +\infty]$上的全体概率分布函数中稠密，即可以逼近任意寿命分布函数[69]。假设任意系统故障时间分布函数由 M 种伽马分布构成，可由式(2-2)表示不同产品的故障密度概率，即

$$f(t) = \sum_{l=1}^{M} a_l \frac{\lambda_l (\lambda_l t)^{\alpha_l - 1} e^{-\lambda_l t}}{\Gamma(\alpha_l)} \qquad (2-2)$$

式中：a_l 为第 l 支伽马分布的权重；M 为系统混合分布的分支数，满足 $\sum_{l=1}^{M} a_l = 1$；$\Gamma(\alpha_l) = \int_0^{\infty} t^{\alpha_l - 1} e^{-t} dt$，且$(\alpha_l, \lambda_l)$为第 l 支伽马分布的形状参数和尺度参数。王博锐等[70]讨论了广义伽马分布的混合分布模型，即为了提高混合模型的拟合精度，对各支分布的权重比例和分布参数进行了研究，重点分析了由两个分支组成的混合分布的拟合方法，将其中一支作为主分布，另一支作为污染数据的次分布，但其研究过程假设两支分布的形状参数相同，应用范围具有局限性。

分析式(2-2)可知，要想明确系统的寿命分布曲线，首先要确定式中的各项参数集$\{a_l, \alpha_l, \lambda_l\}$及 M，黄卓等在其推理过程中并未明确给出 M 的确定方法，在算例分析中假设 $M \leq 5$，和分布参数一起求解，求解过程比较复杂。分析伽马分布的特点可知，当形状参数 $\alpha_l \in (0, +\infty)$时，其故障率特点可以分为 3 种趋势，即单调增加、单调递减和恒定不变[15]。当形状参数 $0 < \alpha < 1$、$\alpha = 1$ 和 $\alpha > 1$ 时，分别代表故障率递减、恒定或者递增。因此，拟对 M 的混合策略进行简化，

假设任意寿命分布曲线可由3条伽马曲线组成，即 $\max M \leqslant 3$，然后根据优化模型的优化目标精度控制拟合精度，从而控制各支分布的参数，其概率密度函数为

$$f(t) = \sum_{l=1}^{3} a_l \frac{\lambda_l (\lambda_l t)^{\alpha_l - 1} e^{-\lambda_l t}}{\Gamma(\alpha_l)} \tag{2-3}$$

其故障分布函数为

$$F(t) = \sum_{l=1}^{3} a_l \Gamma(t, \alpha_l, \lambda_l) = \sum_{l=1}^{3} a_l \lambda_l^{\alpha_l} \int_0^{\infty} t^{\alpha_l - 1} e^{-t\lambda_l} dt \tag{2-4}$$

易得，$E(X) = a_1 \dfrac{\alpha_1}{\lambda_1} + a_2 \dfrac{\alpha_2}{\lambda_2} + a_3 \dfrac{\alpha_3}{\lambda_3}$，$D(X) = a_1 \dfrac{\alpha_1}{\lambda_1^2} + a_2 \dfrac{\alpha_2}{\lambda_2^2} + a_3 \dfrac{\alpha_3}{\lambda_3^2}$，给出以下定理。

定理2-1 由3支伽马分布组成的混合伽马分布在$[0, +\infty)$上的全体概率分布函数中稠密。

证明：假设 $g(x)$ 为任意的概率密度函数，其数学期望为 $E(X)=\theta$，其方差为 $D(X)=\sigma^2$，欲证明 $f(x)$ 在 $g(x)$ 中稠密，只需证明存在度量函数 ρ 和 $\varepsilon \to 0$，使得 $\rho \leqslant \varepsilon$，则原假设成立。

取度量空间 $\rho(f,g) = \int_a^b |f(x) - g(x)| dx$，$[a,b]$ 为概率密度函数的取值边界且 $a<b$，则

$$\begin{aligned} \rho &= \int_a^b |(g(x) - f(x)| dx \\ &= \frac{1}{x} \int_a^b |x(g(x) + x - x - f(x))| dx \\ &< \frac{1}{a} \int_a^b |x(g(x) - x + x - f(x))| dx \end{aligned}$$

两边取平方可得，$\rho^2 \leqslant \frac{1}{a^2}[E_1^2(X) + E_2^2(X) - 2E_1(X)E_2(X)]$，再令 $E_1(X) = y$，则 $\rho = y^2 - 2yE_2(X) + E_2^2(X)$，因为 $b^2 - 4ac = 4E_2^2(X) - 4E_2^2(X) = 0$，所以一元二次方程组存在唯一解 $y = a_1(\alpha_1/\lambda_1) + a_2(\alpha_2/\lambda_2) + a_3(\alpha_3/\lambda_3)$，即 $\rho = 0 < \varepsilon$，则原假设成立，证毕。

根据定理2-1可知，由3支伽马分布组成的混合分布在$[0, +\infty)$的故障分布函数中稠密，即式(2-4)可以拟合出任意故障分布函数，且式中的未知参数仅包括$\{a_1, a_2, a_3, \alpha_1, \alpha_2, \alpha_3, \lambda_1, \lambda_2, \lambda_3\}$，而黄卓[69]的算例中则含有15个未知参数，因此本书的混合模型未知参数更少，求解过程相对简单，特别地，当尺度参数 $\lambda_1 = \lambda_2 = \lambda_3$ 时，则混合分布为伽马分布[14]。

2.1.2　三维混合伽马分布优化模型构建

定理 2－2 虽然证明混合伽马分布的稠密性,但是在实际应用中分布参数集都是未知的,只能通过产品在服役环境下产生的故障样本,得出其样本分布的一些统计特性的近似值或估计值,如 $\hat{F}(t)$、样本均值 $\hat{\theta}$ 和样本方差 $\hat{\sigma}^2$ 等。目前,寿命分布模型优劣选择的基本方法有信息准则(Information criterion)和均方误差(Mean squared error)等,其基本思路都是度量拟合模型和真实模型之间误差,认为误差越小模型适用性越强。

受到不同机群规模和使用条件的限制,航空产品在不同的使用环境中呈现出的可靠性特征也不尽相同,其故障样本容量大小往往不一致,因此根据样本量大小分别设计不同的优化模型。

1. 小样本数据的优化模型

当样本量 $n\leqslant 20$ 时,一般采用海森公式、数学期望公式或者近似中位秩公式来直接代替经验分布函数值,在此选用中位秩公式来替代经验分布,即

$$F_n(t_i)=\frac{i-0.3}{n+0.4} \tag{2-5}$$

式中:n 为样本容量;i 为样本失效时间由小到大排列的顺序,即 $t_1\leqslant t_2\leqslant\cdots\leqslant t_n$。

采用均方误差作为度量测度,即

$$\begin{aligned}\mathrm{MSE}&=\sum_{i=1}^{n}[F(t_i)-\hat{F}(t,a_l,\alpha_l,\lambda_l)]^2\\&=\sum_{i=1}^{n}[F(t_i)-\sum_{l=1}^{3}a_l\Gamma(t,\alpha_l,\lambda_l)]^2\\&=\sum_{i=1}^{n}[F(t_i)-\sum_{l=1}^{3}a_l\lambda_l^{\alpha_l}\int_0^{t_i}t^{\alpha_l-1}\mathrm{e}^{-t\lambda_l}\mathrm{d}t]^2\end{aligned} \tag{2-6}$$

当样本已知时,式(2－6)中含有未知参数集$\{a_l,\alpha_l,\lambda_l\}$,优化模型为

$$\min\mathrm{MSE}=\sum_{i=1}^{n}[F(t_i)-\sum_{l=1}^{3}a_l\lambda_l^{\alpha_l}\int_0^{t_i}t^{\alpha_l-1}\mathrm{e}^{-t\lambda_l}\mathrm{d}t]^2 \tag{2-7}$$

$$\text{s.t.}\begin{cases}0\leqslant a_l\leqslant 1\ \text{且}\sum_{l=1}^{M}a_l=1\\\alpha_{\mathrm{down3}}<\alpha_l<\alpha_{\mathrm{up3}}\\\lambda_{\mathrm{down}}<\lambda_l<\lambda_{\mathrm{up}}\end{cases} \tag{2-8}$$

当样本已知时,可以确定分布参数置信上、下限。

2. 大样本数据的优化模型

Person 检验是一种比较通用的拟合优度检验方法,Person 统计量适用于一

般分布，而不针对特定分布。当样本量较大时，将 Person 统计量作为拟合模型和真实分布量的测度。

由于外场数据采集的时效性，不可能像在实验室环境下那样精确，尤其是整个机群中同类产品数据的采集可能会存在时间误差和随机误差，为了减少这种误差的影响，可以根据样本情况对采集的时间区间进行划分。在此，根据样本量 n 将样本按时间取值范围分为 k 个时间区间，则 n_i 为第 i 个区间内的失效样本数，总体 X 落入第 i 个区间的概率 p_i 为

$$p_i = F(t_{(i)}) - F(t_{(i-1)}) \quad i = 1,2,\cdots,k \tag{2-9}$$

则 Person 检验统计量可表示为

$$\chi^2 = \sum_{i=1}^{k} \frac{(n_i - np_i)^2}{np_i} \tag{2-10}$$

将式(2-9)代入式(2-10)可得

$$\chi^2 = \sum_{i=1}^{k} \frac{\left[n_i - n\left(\sum_{l=1}^{3} a_l \lambda_l^{\alpha_l} \int_0^{t_i} t^{\alpha_l - 1} \mathrm{e}^{-t\lambda_l} \mathrm{d}t - \sum_{l=1}^{3} a_l \lambda_l^{\alpha_l} \int_0^{t_{i-1}} t^{\alpha_l - 1} \mathrm{e}^{-t\lambda_l} \mathrm{d}t\right)\right]^2}{n\left(\sum_{l=1}^{3} a_l \lambda_l^{\alpha_l} \int_0^{t_i} t^{\alpha_l - 1} \mathrm{e}^{-t\lambda_l} \mathrm{d}t - \sum_{l=1}^{3} a_l \lambda_l^{\alpha_l} \int_0^{t_{i-1}} t^{\alpha_l - 1} \mathrm{e}^{-t\lambda_l} \mathrm{d}t\right)} \tag{2-11}$$

构建以下优化模型，即

$$\min\chi^2 = \sum_{i=1}^{k} \frac{\left[n_i - n\left(\sum_{l=1}^{3} a_l \lambda_l^{\alpha_l} \int_0^{t_i} t^{\alpha_l - 1} \mathrm{e}^{-t\lambda_l} \mathrm{d}t - \sum_{l=1}^{3} a_l \lambda_l^{\alpha_l} \int_0^{t_{i-1}} t^{\alpha_l - 1} \mathrm{e}^{-t\lambda_l} \mathrm{d}t\right)\right]^2}{n\left(\sum_{l=1}^{3} a_l \lambda_l^{\alpha_l} \int_0^{t_i} t^{\alpha_l - 1} \mathrm{e}^{-t\lambda_l} \mathrm{d}t - \sum_{l=1}^{3} a_l \lambda_l^{\alpha_l} \int_0^{t_{i-1}} t^{\alpha_l - 1} \mathrm{e}^{-t\lambda_l} \mathrm{d}t\right)} \tag{2-12}$$

$$\text{s. t.} \begin{cases} 0 \leqslant a_l \leqslant 1 \text{ 且} \sum_{l=1}^{M} a_l = 1 \\ \alpha_{\text{down3}} < \alpha_l < \alpha_{\text{up3}} \\ \lambda_{\text{down}} < \lambda_l < \lambda_{\text{up}} \end{cases} \tag{2-13}$$

2.1.3 基于改进粒子群算法的优化算法设计

单一分布模型中比较常见的分布参数评估方法有最小二乘法、MLE(极大似然函数)、EM 算法等。黄卓等在 EM 算法的基础上设计了控制分支 M 的一种迭代算法，用来求解有限混合伽马分布的参数求解，其求解方法和过程都比较复杂。近年来，遗传算法、粒子群算法等群智能算法被用来求解可靠性参数优化问

题,并且取得了不错的效果[71-72]。其中,粒子群算法收敛速度快,且模型构建过程比较简单,在此采用自适应粒子群算法对混合分布的参数进行求解,算法的基本流程设计如图2-2所示。

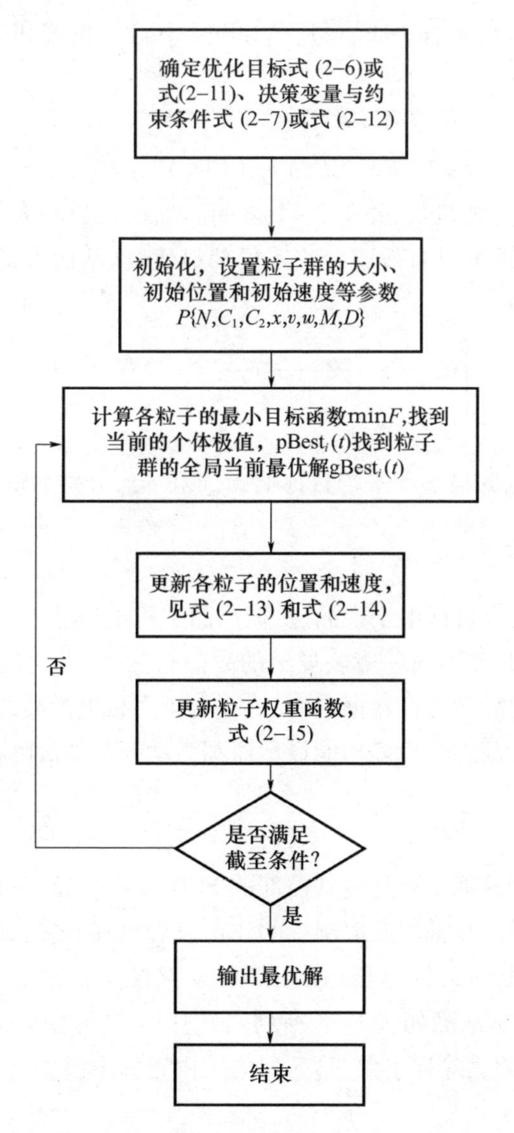

图2-2 基于自适应粒子群算法的参数求解流程

如图2-2所示,在使用粒子群算法时首先要确定参数集 $P(N, c_1, c_2, x_{\mathrm{LIMT}}, v_{\mathrm{LIMT}}, w_{\mathrm{LIMT}}, M, D)$,其中,$N$ 为群粒子数目,c_1 和 c_2 为加速系数,D 为种群维度即目标函数中自变量个数,M 为迭代次数,x_{LIMT}和 v_{LIMT}分别为根据约束条件设定的

粒子自变量取值范围和粒子迭代移动幅度参数，w_{LIMT}为加权系数阈值。则在第t时刻各个粒子位置参数为$X_i(t)=\{x_{i,1}(t),\cdots,x_{i,n}(t)\}$，速度公式为$V_i(t)=\{v_{i,1}(t),\cdots,v_{i,n}(t)\}$，个体最优解为$\mathrm{pBest}_i(t)=\{\mathrm{pBest}_{i,1}(t),\cdots,\mathrm{pBest}_{i,n}(t)\}$，全局最优解为$\mathrm{gBest}_i(t)=\{\mathrm{gBest}_{i,1}(t),\cdots,\mathrm{gBest}_{i,n}(t)\}$，位置和速度的更新方程式分别为

$$v_{i,j}(t+1)=wv_{i,j}(t)+c_1r_1[p_{i,j}-x_{i,j}(t)]+c_2r_2[p_{g,j}-x_{i,j}(t)] \quad (2-14)$$

$$x_{i,j}(t+1)=x_{i,j}(t)+v_{i,j}(t+1) \quad j=1,2,\cdots,d \quad (2-15)$$

式中：r_1和r_2分别为随机数，介于0～1之间。加权系数的大小会影响算法的收敛性能，自适应权重可以有效避免陷入局部最优解，从而求得全局最优解，自适应权重更新公式为

$$w=\begin{cases} w_{\min}-\dfrac{(w_{\max}-w_{\min})\cdot(f-f_{\min})}{(f_{\mathrm{avg}}-f_{\min})}, & f\leqslant f_{\mathrm{avg}} \\ w_{\max}, & f>f_{\mathrm{avg}} \end{cases} \quad (2-16)$$

式中：$f_{\min}$和f_{avg}分别为最小和平均目标值；$w_{\min}$和$w_{\max}$分别为最小和最大权重。

2.1.4 算例分析

机载产品主要有机载电子产品、机械产品和机电产品等3种，不同类型的机载的失效机理不同，在不同环境表现出的故障行为也不一样。某舰载直升机机群首次大修间隔内故障统计数据表明，机载电子和机电产品的故障率相对较高，本节分别以某型舰载直升机多功能显示器和微动开关的故障样本为例来验证算法的正确性。

1. 算例1

多功能显示器故障主要是由其内部的PCB失效引起，在其服役过程中受到随机振动、酸性气体、盐雾以及温湿度的作用，该设备的密封结构、防腐涂层失效进一步引起PCB上的叉指电极、通孔等发生腐蚀等故障行为，其故障形貌如图2－3所示，其样本故障如表2－2所列，表中第1列为样本序号，第2列为样本失效时间，第4列为删除样本数，第5列为采用近似中位秩公式计算的寿命分布近似值。

表2－2 某设备PCB板故障数据样本

序号	失效时间/h	故障数	删除数	$F_n(t_i)$
1	1300	1	4	0.0614
2	1692	1	3	0.1491

续表

序号	失效时间/h	故障数	删除数	$F_n(t_i)$
3	2243	1	4	0.2368
4	2278	1	3	0.3246
5	2832	1	3	0.4123
6	2862	1	3	0.5000
7	2931	1	4	0.5877
8	3212	1	4	0.6754
9	3256	1	4	0.7632
10	3410	1	4	0.8509

图2-3　PCB板内部组件的失效形貌

采用设计方法，将计算结果 $F_n(t_i)$ 代入式(2-6)并展开，可得优化目标函数为

$$\begin{aligned}\mathrm{MSE} &= \sum_{i=1}^{11}\left[F(t_i) - \sum_{l=1}^{3} a_l\lambda_l^{\alpha_l}\int_0^{t_i} t^{\alpha_l-1}\mathrm{e}^{-t\lambda_l}\mathrm{d}t\right]^2 \\ &= \left[0.0614 - \left(a_1\lambda_1^{\alpha_1}\int_0^{1300} t^{\alpha_1-1}\mathrm{e}^{-t\lambda_1}\mathrm{d}t + a_2\lambda_2\int_0^{1300}\mathrm{e}^{-t\lambda_2}\mathrm{d}t + \right.\right. \\ &\quad \left.\left. a_3\lambda_3^{\alpha_3}\int_0^{1300} t^{\alpha_3-1}\mathrm{e}^{-t\lambda_3}\mathrm{d}t\right)\right]^2 + \cdots + \\ &\quad \left[0.9386 - \left(a_1\lambda_1^{\alpha_1}\int_0^{3651} t^{\alpha_1-1}\mathrm{e}^{-t\lambda_1}\mathrm{d}t + a_2\lambda_2\int_0^{3651}\mathrm{e}^{-t\lambda_2}\mathrm{d}t + \right.\right. \\ &\quad \left.\left. a_3\lambda_3^{\alpha_3}\int_0^{3651} t^{\alpha_3-1}\mathrm{e}^{-t\lambda_3}\mathrm{d}t\right)\right]^2 \end{aligned} \tag{2-17}$$

分别采用经典粒子群算法和自适应粒子群算法进行求解，其中粒子群算法参数为算法的初始参数 $P(50,3,3,0.8,100,9)$，自适应粒子群算法的参数设置为 $P(50,3,3,0.8,0.6,100,9)$，其计算结果如图 2－4 所示。

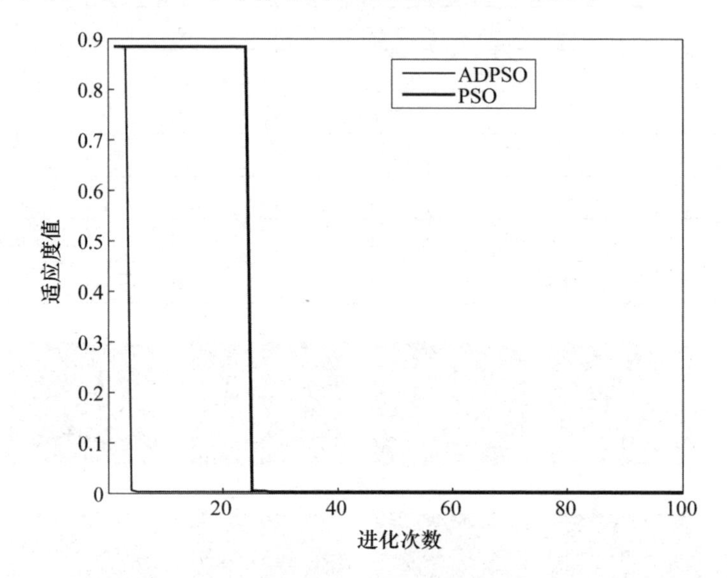

图 2－4　不同算法的收敛性及最小适应值

如图 2－4 所示，两种算法收敛速度均较快，且适应度函数均接近 0.003771096562428，其中自适应用粒子群算法的参数集的优化结果为(0.9，12.19，221.12，0.09，1，221.12，0.01，0.2，221.12)，将参数代入式(2－4)可得产品的寿命分布函数，如式(2－18)所示。

$$F(t)=0.9\Gamma(t,12.1941,221.12)+0.09\Gamma(t,1,1.03)+0.01\Gamma(t,20,0.99) \tag{2-18}$$

为了更直观地显示寿命分布的拟合曲线，分别将混合分布模型与近似中位秩法以及残存比率法进行比较，如图 2－5 所示，系统的可靠度如图 2－6 所示。

如图 2－5 所示，近似中位值法计算的故障率最高，残存比例最低，混合分布的故障函数值介于近似中位秩和残存比例法中间，因为近似中位秩法不考虑删除样本数，所以数值偏大，而残存比率法需要考虑删除样本，所以数值偏小。实际上，近似中位值法更适用于完全样本的故障率近似，但是在实际使用过程中很难获得产品的完全样本，尤其是航空产品具有高可靠、长寿命的特征，在一定时间内很难获得产品的完全样本，其样本一般为截尾数据，残存比率法在工程中经常被用于计算具有删除特性的截尾样本数据，但其计算结果偏于保守，因此混合伽马分布拟合方法可以有效地改良两种方法的缺陷，接近产品的真实故障分布特性。

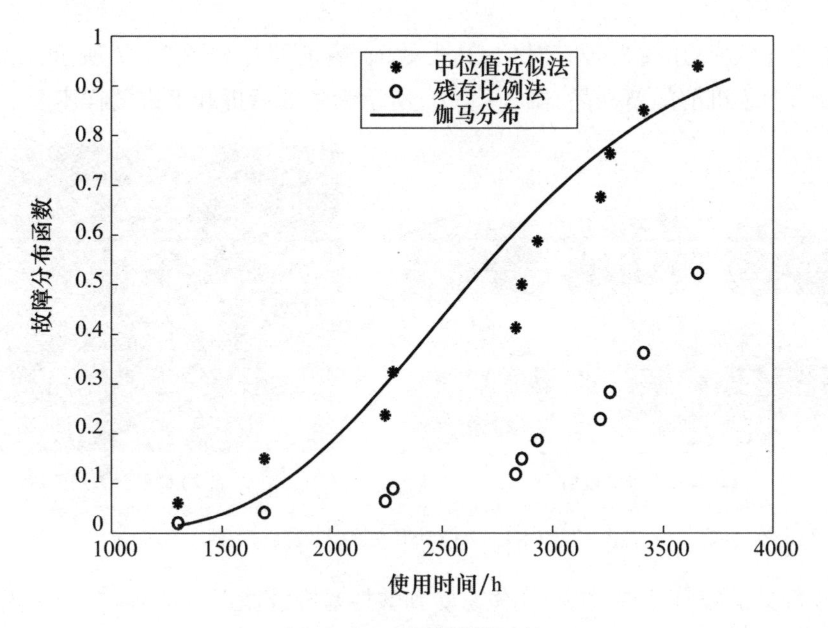

图2－5　3种算法的比较

在装备保障的实际过程中,可结合式(2－18)和图2－6合理设定产品的可靠性阈值以及预防性维修策略。

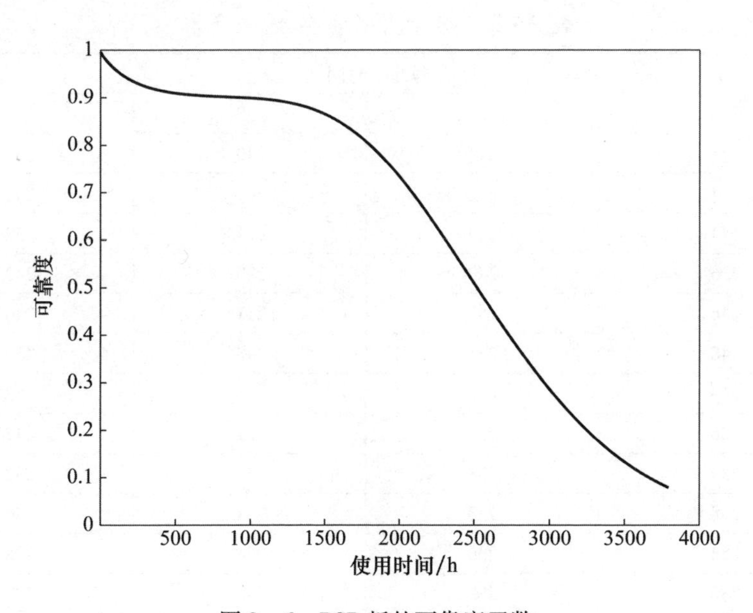

图2－6　PCB板的可靠度函数

2. 算例 2

以机载微动开关为研究对象，其失效前、后的照片如图 2 - 7 所示，图 2 - 7(a)所示为装机前的新样品，图 2 - 7(b)所示为失效后拆卸下来的样本。

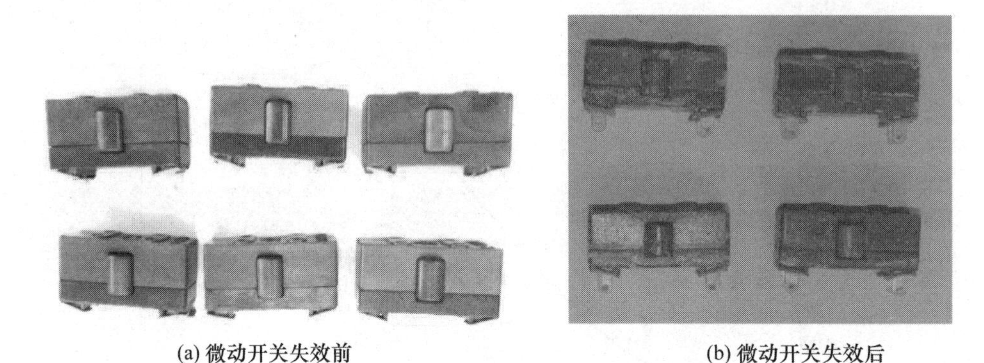

(a) 微动开关失效前　　(b) 微动开关失效后

图 2 - 7　DK1 - 2 微动开关的失效前、后照片

在舰载服役环境中，微动开关易受到酸性盐雾及温湿度的影响，开关内部触点发生腐蚀，从而引起开关接触电阻变大，直至功能失效。假设机群每架飞机的使用环境和使用频次基本一致，采集其近 5 年的故障数据，得到 80 组故障数据，如表 2 - 3 所列。

表 2 - 3　微动开关故障数据样本

故障样本时间/h			
266	227	229	261
237	244	240	232
254	262	247	247
243	245	231	252
256	249	239	242
246	252	231	246
248	251	248	250
250	253	266	253
256	239	222	247
239	238	242	242
238	233	241	250
254	236	244	228
230	233	244	224
251	252	244	237

续表

故障样本时间/h			
218	246	253	250
225	265	249	234
230	254	258	254
224	254	234	246
230	232	241	240
228	250	239	239

由表 2 – 3 可知，样本数据中最小故障时间为 218h，最大故障时间为 266h，样本容量为 80，取时间间隔 $\Delta t = 10\text{h}$，可得样本的故障频率直方图（图 2 – 8），即可获得的 n_i。观察图 2 – 8 可知，样本数据为非正态、指数分布等单一分布，因此按照式（2 – 12）构建样本的优化目标函数为

$$\min\chi^2 = \sum_{i=1}^{10} \frac{\left[n_i - 80\left(\sum_{l=1}^{3} a_l \lambda_l^{a_l - 1} \int_0^{t_i} t^{\alpha_l - 1} \mathrm{e}^{-t\lambda_i} \mathrm{d}t - \sum_{l=1}^{3} a_l \lambda_l^{\alpha_i - 1} \mathrm{e}^{-t\lambda_i} \mathrm{d}t \right) \right]^2}{80\left(\sum_{l=1}^{3} a_l \lambda_l^{\alpha_l} \int_0^{t_i} t^{\alpha_i - 1} \mathrm{e}^{-t\lambda_i} \mathrm{d}t - \sum_{l=1}^{3} a_l \lambda_l^{\alpha_l} \int_0^{t_i} t^{\alpha_l - 1} \mathrm{e}^{-t\lambda_l} \mathrm{d}t \right)} \tag{2-19}$$

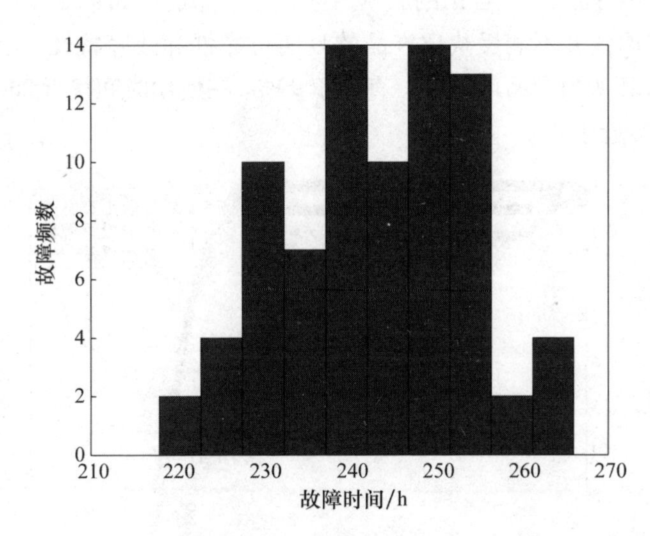

图 2 – 8　微动开关故障样本频率分布直方图

采用书中设计方法，参数设置为（500，3，3，0.8，0.5，200，9），算法收敛过程如图 2 – 9 所示，最佳适应值为 0.0010573，优化结果的参数集为（0.6，400，1，0.29，1，1.03，0.11，30，0.99）。

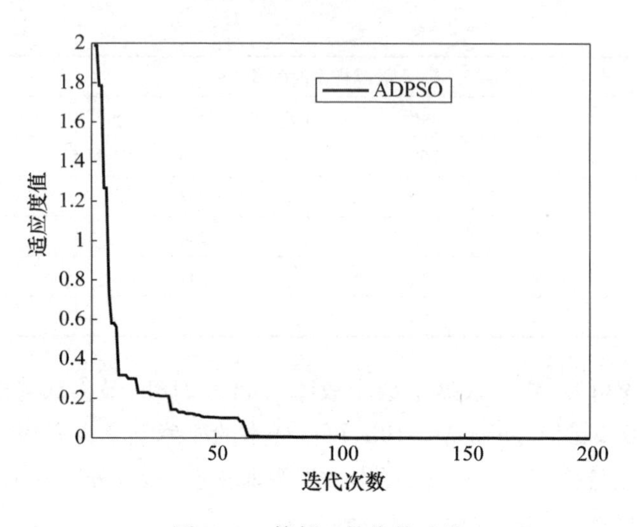

图 2-9　算例 2 的收敛过程

将所求的参数代入式(2-6),可得产品的寿命分布模型为式(2-20),可靠度曲线如图 2-10 中的“ * ”曲线所示。在工程实践中一般以威布尔分布或者对数正态分布拟合机电产品的故障曲线,图 2-10 中“△”的曲线为以算例 2 的样本按照 99.5% 置信度拟合出的服从对数正态分布的产品可靠度曲线。在图 2-10 中,“△”曲线并不能反映出产品的真实可靠性和故障特性,在使用时间小于 219h 之前,其认为产品可靠度一直大于 99%,在使用时间接近 260h 产品可靠度迅速衰减,接近于 0。

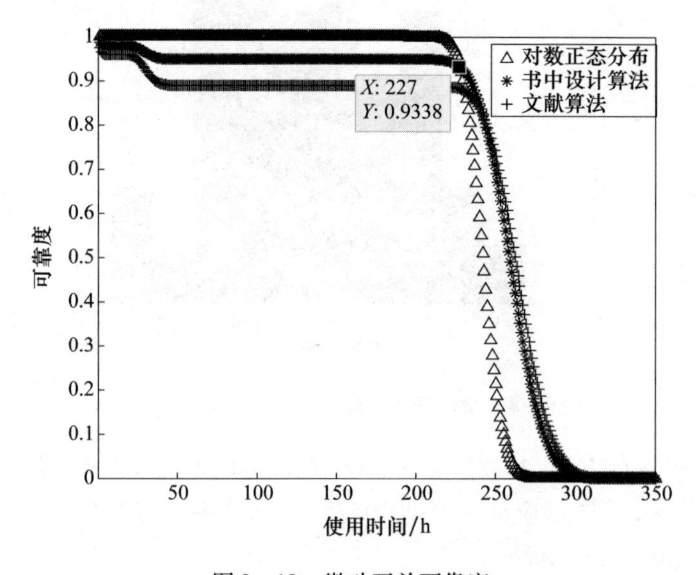

图 2-10　微动开关可靠度

$$F(t) = 0.6\Gamma(t,400,1) + 0.29\Gamma(t,1,1.03) + 0.11\Gamma(t,30,0.99) \tag{2-20}$$

如图2-10中*线所示,微动开关的可靠性在不同时间内呈现出不同的特征,在0~40h时产品可靠性较高,但处于下降阶段,在40~227h时可靠度趋于平稳,其最小值大于0.94,在270h之后可靠度迅速下降,在300h之后产品的可靠度趋近于零。因此,可结合式(2-20)在不同的寿命阶段合理设定产品的可靠性阈值以及预防维修策略,将比目前定期检查策略更为有效。

本节分析了在不需要借助工程经验判断产品寿命分布模型类型的前提下,如何基于故障数据构建产品的混合伽马分布模型,从理论上证明了该方法的可行性,设计了求解模型的粒子群算法,并通过算例进行了验证和分析。算例1结果显示,当样本量小于20时,设计方法与样本真实误差小于0.0003,且分别与近似中位秩法和残存比例法进行了比较,证明构建方法更为精确。算例2说明在大样本情况下,设计方法同样适用,最佳适应值为0.0010573,通过算法和误差控制可以获得分布参数精确数值解,拟合出合理的产品寿命分布模型。

设计方法比较适用于在复杂环境中服役的复杂产品,如机电组合设备,因为其失效机理较为复杂,受到多种因素的综合作用,且电子产品和机械设备的寿命分布模型往往不一致,单一分布模型在拟合其寿命分布模型的精度有限,而书中设计方法通过混合分布可以更加真实地反映产品故障分布的统计特征。只讨论了基于故障数据即寿命数据的可靠性评估方法,对于系统的退化数据并未进行讨论,而基于退化数据和寿命数据相融合的方法更能准确地评估系统的可靠性[73]。另外,舰载产品的服役环境非常复杂[74],目前尚无有效的舰载机机载产品在服役过程中适用于环境因子折算的环境剖面划分方法以及混合分布模型的环境因子折算方法,开展此类研究将非常有意义。

2.2　基于性能状态的复杂系统可靠性建模

复杂可修装备的关键部件,一般由机、电、液等多类型部件组合,失效模式多、部件性能相依、结构精密且存在故障传播[36-38]。目前多状态系统可靠性建模的主要方法包括二态布尔代数法、随机过程法、计算机模拟方法和综合方法等[7-9]。二态布尔代数法和随机过程法因其原理简单、计算速度快等优势,广泛应用于小规模系统或简单系统的可靠性评估,但易受到系统状态数量和结构规模的影响。计算机模拟方法主要有蒙特卡罗和离散事件调度。该类方法以概率统计理论为基础,借助系统或者部件的概率模型,利用仿真软件模拟系统的故障行为,进而获得表征系统可靠性的特征参数。但是当系统结构过于复杂、系统或者部件状态变量较多时,同样容易出现空间爆炸的问题。综合法集合了解析法与仿真法的优势,在构建系统可靠性逻辑框图或故障树的基础上,再利用解析手段来描述其各项参数模型,最后结合蒙特卡罗方法在模拟仿真方面的优势获取系统可靠性,降低计算难度,提高计算速度。在综合法中最常见的方式是基于贝叶斯网络的系统可靠性分析方法,但其不适用于耦合关系复杂的系统[55-56]。

通用发生函数(UGF)是现代离散数学领域的重要方法,G. Levitin 和 A. Lisnianski 等[39-43]在可靠性领域发展了该方法,使之成为多状态系统可靠性分析和建模的新工具[45-46]。近年来,已经成为多状态复杂系统可靠性研究的热点,不断成熟和发展。在此基础上,设计一种基于通用生成函数的仿真算法,在计算多态系统可靠性的同时,可以计算存在故障传播和性能相依的多状态复杂装备的可靠性分布特征。

2.2.1 基于 UGF 的多状态系统可靠性建模

1. 独立部件的 u 函数及结构算子设计

将独立离散随机变量 X 的 $u(z)$ 函数定义为多项式,即

$$u(z) = \sum_{k=1}^{K} q_k z^{x_k} \tag{2-21}$$

式中:变量 X 有 K 个可能的状态值,q_k 是变量 $X = x_k$ 的概率。

随机变量 X 不小于阈值 w 的概率为

$$\Pr(X > w) = \sum_{x_k \geqslant w} q_k \tag{2-22}$$

定义下列函数 δ 来描述表征系统性能状态的 $u(z)$,即

$$\delta(u(z), w) = \delta\left(\sum_{k=1}^{K} q_k z^{x_k}, w\right) = \sum_{k=1}^{K} \delta(q_k z^{x_k}, w) \tag{2-23}$$

其中,

$$\delta(u(z), w) = \begin{cases} q_k, x_k \geqslant w \\ 0, x_k \geqslant w \end{cases} \tag{2-24}$$

二项式 $u_j(z)$ 能够定义系统中部件 j 的性能分布,即二项式所代表的是部件所有可能状态,将每种状态的概率与部件的性能联系起来。值得注意的是,部件 j 的性能参数可以通过 $g_j = \{g_{jk}, 1 \leqslant k \leqslant K_j\}$ 和 $p_j = \{p_{jk}, 1 \leqslant k \leqslant K_j\}$ 来表示。

$$u_j(z) = \sum_{k=1}^{K_j} p_{jk} z^{g_{jk}} \tag{2-25}$$

为了得到包含两个部件子系统的 u,引入组合算子。这些运算符通过对部件的单个 u 函数进行简单的代数运算,分别确定并联连接和串联连接的两个部件的 u 函数。

对于并联,有

$$u_i(z) \underset{\text{par}}{\otimes} u_j(z) = \sum_{k=1}^{K_i} p_{ik} z^{g_{ik}} \underset{\text{par}}{\otimes} \sum_{h=1}^{K_j} p_{jh} z^{g_{jh}} \tag{2-26}$$

进一步可表示为

$$u_i(z) \underset{\text{par}}{\otimes} u_j(z) = \sum_{k=1}^{K_i} \sum_{h=1}^{K_j} p_{ik} p_{jh} z^{\text{par}(g_{ik}, g_{jh})} \tag{2-27}$$

对于串联,有

$$u_i(z) \underset{\text{ser}}{\otimes} u_j(z) = \sum_{k=1}^{K_i} p_{ik} z^{g_{ik}} \underset{\text{ser}}{\otimes} \sum_{h=1}^{K_j} p_{jh} z^{g_{jh}} \tag{2-28}$$

进一步可表示为

$$u_i(z) \underset{\text{ser}}{\otimes} u_j(z) = \sum_{k=1}^{K_i} \sum_{h=1}^{K_j} p_{ik} p_{jh} z^{\text{ser}(g_{ik}, g_{jh})} \tag{2-29}$$

结构算子 par(并联)和 ser(串联)表示将含两个部件组成的子系统整个性能状态与子系统中部件的单个性能状态联系起来。而结构函数的 par 和 ser 严格取决于系统的物理性能测量和部件之间的相互作用关系及结构形式。

为了进一步介绍 par 和 ser 函数功能,以下面两种 MSS(多状态系统)为例,具体如下。

(1) 考虑 MSS 的流传输类型,其中性能度量被定义为生产力或容量(连续材料或能源传输系统、制造系统、电源系统)。

当部件并联连接时,并联连接的一对部件的总性能状态等于单个部件的性能状态之和,即

$$u_i(z) \underset{\text{par}}{\otimes} u_j(z) = \sum_{k=1}^{K_i} \sum_{h=1}^{K_j} p_{ik} p_{jh} z^{g_{ik}+g_{jh}} \tag{2-30}$$

当部件串联时,性能最低的部件成为子系统的瓶颈,即对于串联的一组部件,子系统的性能状态等于单个部件的性能状态的最小值,有

$$u_i(z) \underset{\text{ser}}{\otimes} u_j(z) = \sum_{k=1}^{K_i} \sum_{h=1}^{K_j} p_{ik} p_{jh} z^{\min(g_{ik}, g_{jh})} \tag{2-31}$$

(2) 考虑 MSS 的任务处理类型中,性能度量以操作时间(处理速度)为特征(如控制系统、信息或数据处理系统、操作时间受限的制造系统等)。

当部件之间并联工作时,系统的处理速度取决于工作共享的规则。提供尽可能少的工作完成时间的最有效规则是,根据部件的处理速度在部件之间共享工作。在这种情况下,并联系统的处理速度等于部件的处理速度之和,即

$$u_i(z) \underset{\text{par}}{\otimes} u_j(z) = \sum_{k=1}^{K_i} \sum_{h=1}^{K_j} p_{ik} p_{jh} z^{g_{ik}+g_{jh}} \tag{2-32}$$

串联的两个部件的运算时间等于这两个部件的运算时间之和。当用处理速度(与操作时间的倒数)来度量部件(系统)性能时,由两个处理速度 G_i 和 G_j 组成的子系统的总处理速度为

$$(G_i^{-1} + G_j^{-1})^{-1} = \frac{G_i G_j}{(G_i + G_j)} \tag{2-33}$$

因而,有

$$u_i(z) \underset{\text{ser}}{\otimes} u_j(z) = \sum_{k=1}^{K_i} \sum_{h=1}^{K_j} p_{ik} p_{jh} z^{g_{ik} g_{jh} / (g_{ik}+g_{jh})} \tag{2-34}$$

2. 部件之间存在性能相依的 u 函数设计

考虑一个子系统,由一对多状态部件 i 和 j 组成,其中部件 j 的性能分布取决于部件 i 的状态。因此,假设部件 j 的性能分布是由部件 i 的性能状态决定,并将 g_i 对应为部件 i 的性能状态。在一般情况下,这个性能状态能分为 M 个互不相交子集 $g_i^m(1 \leqslant m \leqslant M)$,即

$$\bigcup_{m=1}^{M} g_i^m = g_i, g_i^l \bigcup_{m=1}^{M} g_i^m = 0(m \neq 1) \tag{2-35}$$

当部件 i 具有性能状态 $g_{ik} \in g_i^m$,部件 j 的性能分布由有序集 $g_{j|m} = \{g_{j|m}, 1 \leqslant c \leqslant C_{j|m}\}$ 和 $q_{j|m} = \{p_{jc|m}, 1 \leqslant c \leqslant C_{j|m}\}$ 表示,$C_{j|m}$ 为部件 j 对应部件 i 处于状态子集 g_i^m 时可能存在的状态数量。

其中,

$$q_{jc|m} = \Pr\{G_j = g_{jc|m} \mid G_i = g_{ik} \in g_i^m\} \tag{2-36}$$

如果每个部件 i 的性能状态对应部件 j 的不同性能分布,即有 $M = K_i$ 和 $g_i^m = \{g_{im}\}$。可以定义部件 j 性能状态的所有可能的值的集合 $g_i = \bigcup_{m=1}^{M} g_{j|m}$ 以及当部件 i 有性能状态 $g_{ik} \in g_i^m$,部件 j 的条件性能分布由有序集 $g_j = \{g_{jc}, 1 \leqslant c \leqslant C_{j|m}\}$ 和 $p_{j|m} = \{p_{jc|m}, 1 \leqslant c \leqslant C_{j|m}\}$ 表示。

其中，

$$p_{jc|m}=\begin{cases}0, & g_{jc}\notin g_{j|m}\\ q_{jc|m}, & g_{jc}\in g_{j|m}\end{cases} \tag{2-37}$$

根据这个定义 $p_{jc|m}=\Pr\{G_j=g_{j|m}|G_i=g_{ik}\in g_i^m\}$。适用于所有可能实现的 G_j 和所有可能实现的 $G_i\in g_i^m$。

由于集合 $g_i^m(1\leqslant m\leqslant M)$互不相交，非条件概率 $G_i=g_{ic}$，可得到

$$p_{jc}=\sum_{m=1}^{M}\Pr\{G_j=g_{j|m}\mid G_i=g_{ik}\in g_i^m\}\Pr\{G_i=g_i^m\} \tag{2-38}$$

当 $g_i^m=\{g_{im}\}$时，有

$$p_{jc}=\sum_{m=1}^{M}p_{im}p_{jc|m} \tag{2-39}$$

当 $G_i=g_{ik}$时，$G_j=g_{ic}$的概率等于 $p_{ik}p_{jc|\mu(k)}$，其中 $\mu(k)$是属于 g_{ik}子集的合集，即 $g_{ik}\in g_i^{\mu(k)}$。

定义部件 j 的条件性能分布的集合 g_i 和 $p_{j|m}$，$1\leqslant m\leqslant M$，则状态相依时部件 j 的 u 函数为

$$\tilde{u}_j(z)=\sum_{c=1}^{C_j}\tilde{p}_{jc}z^{g_{jk}} \tag{2-40}$$

其中，

$$\tilde{p}_{jc}=\{p_{jc|1},p_{jc|2},\cdots p_{jc|M}\} \tag{2-41}$$

式中：$\tilde{p}_{jc}$为部件 j 处于状态 g_{jc}的概率。因此，两个部件 $G_i=g_{ik}$和 $G_j=g_{jc}$时子系统的性能状态可以对应着子系统性能状态 $w(g_{ik},g_{ic})$和组合概率 $p_{ik}p_{ic|\mu(k)}$表示，即可以得到部件 i 和部件 j 的 u 函数，可表示为

$$\tilde{u}_i(z)\overset{\Rightarrow}{\underset{w}{\otimes}}\tilde{u}_j(z)=\sum_{k=1}^{K_i}\tilde{p}_{ik}z^{g_{ik}}\sum_{c=1}^{C_j}\tilde{p}_{jc}z^{g_{jc}}=\sum_{k=1}^{K_i}p_{ik}\sum_{c=1}^{C_j}p_{jc|\mu(k)}z^{w(g_{ik},g_{jc})} \tag{2-42}$$

其中，$w(g_{ik}g_{ic})$可以通过部件的连接方式而被 $\text{par}(g_{ik},g_{ic})$或者 $\text{ser}(g_{ik},g_{ic})$函数代替。当部件在系统结构中没有实际连接时，有

$$\tilde{u}_i(z)\overset{\Rightarrow}{\underset{w}{\otimes}}\tilde{u}_j(z)=\sum_{k=1}^{K_i}\tilde{p}_{ik}z^{g_{ik}}=\sum_{k=1}^{K_i}p_{ik}\sum_{c=1}^{C_j}p_{jc|\mu(k)}z^{g_{jc}} \tag{2-43}$$

3. 部件组之间性能相依的 u 函数设计

考虑两个相互独立的部件 n 和 j，部件 i 和部件组 n 和 j 状态相依。假设部

件 i 处于状态 k,即 $g_{ik}\in g_i^{\mu(k)}$,部件 n 和 j 的状态和概率分别为 $g_{n|i}$,$P_{n|\mu(k)}$ 和 g_j,$P_{j|\mu(k)}$,其中 $p_{n|\mu(k)}=\{p_{nc|\mu(k)}|1\leqslant c\leqslant C_n\}$,$C_n$ 为部件 n 对应部件 i 处于状态 g_{ik} 时可能存在的状态数量。则部件 n 和 j 组成的子系统的 u 函数为

$$\sum_{c=1}^{C_n} p_{nc|\mu(k)} z^{g_{nc}} \underset{w}{\otimes} \sum_{h=1}^{C_j} p_{jh|\mu(k)} z^{g_{jh}} = \sum_{c=1}^{C_n}\sum_{h=1}^{C_j} p_{nc|\mu(k)} p_{jh|\mu(k)} z^{w(g_{nc},g_{jh})} \tag{2-44}$$

其中根据部件的连接方式可以将 $w(g_{nc}g_{jh})$ 用 $\mathrm{par}(g_{nc},g_{jh})$ 或 $\mathrm{ser}(g_{nc},g_{jh})$ 函数代换。当部件 i 处于状态子集 $g_i^m(1\leqslant m\leqslant M)$,部件 n 和部件 j 的子系统的 u 可表示为

$$\begin{aligned}\tilde{u}_n(z)\underset{w}{\otimes}\tilde{u}_j(z) &= \sum_{c=1}^{C_n}\tilde{p}_{nc}z^{g_{nc}}\underset{w}{\otimes}\sum_{h=1}^{C_j}\tilde{p}_{jh}z^{g_{jh}}\\ &= \sum_{c=1}^{C_n}\sum_{h=1}^{C_j}\tilde{p}_{nc}\,\tilde{p}_{jh}z^{w(g_{nc},g_{jh})}\end{aligned} \tag{2-45}$$

其中,

$$\tilde{p}_{nc}\tilde{p}_{jh}=\{p_{nc|1}p_{jh|1},p_{nc|2}p_{jh|2},p_{nc|3}p_{jh|3},\cdots,p_{nc|M}p_{jh|M}\} \tag{2-46}$$

2.2.2 算法程序设计

2.2.1 节介绍了 u 函数的基本概念和性能相依时的不同结构形式的基本算子,通过上述分析可以计算系统的 u 函数。在此基础上,设计基于 UGF 的多状态系统可靠性建模的仿真算法,其基本流程如图 2-11 所示。其中主要步骤如下。

步骤 1 绘制系统可靠性逻辑框图,统计部件数量 M。

步骤 2 按从左到右、从上到下的顺序对部件进行故障行为(性能状态)分析。

步骤 3 判断该部件是否故障独立(性能是否相依),如果部件独立,使用式(2-25)得到独立部件 u 函数,再对存在并、串联独立部件使用式(2-27)和式(2-29)得到故障独立等价部件;如果部件不独立,对部件进行相关部件故障行为分析,其中,如果存在物理连接部件,采用式(2-44)得到性能相依等价部件 u 函数;否则采用式(2-33)得到存在性能相依等价部件 u 函数。

步骤 4 判断等价后的系统中等价部件是否超过一个,若没有超过一个则进行下一步;否则回到步骤 2 继续进行部件等价。在得到整个系统等价部件状态分布和对应概率时,再根据给定的阈值 w,利用式(2-43)得到该系统的可靠度,递归算法流程图如图 2-11 所示。

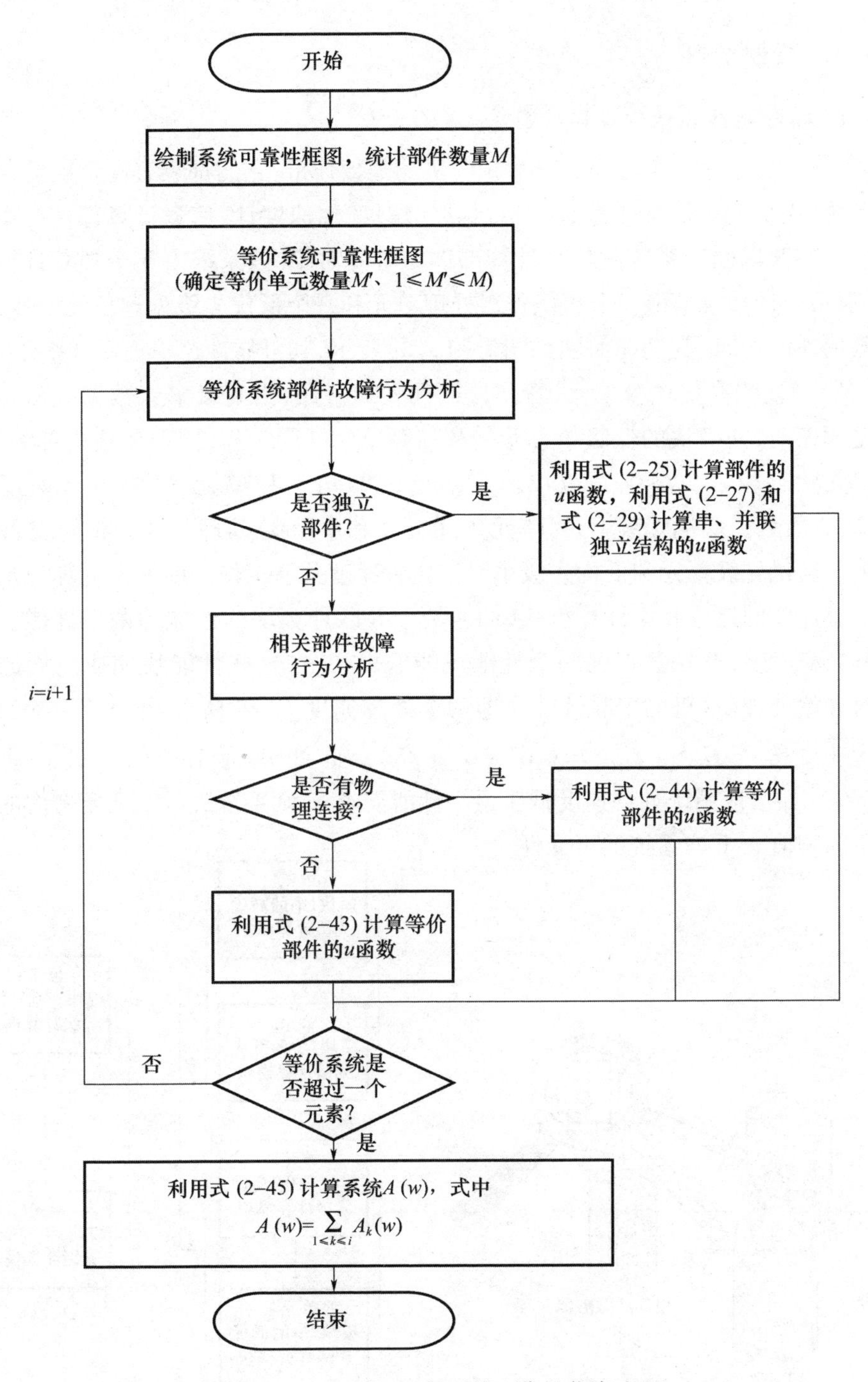

图 2 – 11　基于 UGF 的系统可靠性仿真流程

2.2.3 算例分析

1. 研究对象的特征分析

不管是无人机、客机、战斗机、预警机还是轰炸机,它们都装有高精度捷联惯导系统,飞机的惯性导航系统包括惯导陀螺仪、加速度计、信息计算部件等主要部件。在此以惯导系统的信息计算部件为研究对象,该系统由 3 个独立计算块组成,每个计算模型由一个高优先级处理单元和一个低优先级处理单元组成,共享数据库的访问(其功能简图如图 2-12(a)所示,其可靠性逻辑框图如图 2-12(b)所示)。当高优先级单元运行时,低优先级待命,当高级单元数据载荷达到规定阈值时,同模块的低级单元开始和高级单元共同工作,同一模块内部的高、低单元状态相依。高优先级单元(单元 1、单元 3 和单元 5)的处理速度如表 2-4 所列。低优先级单元(单元 2、单元 4 和单元 6)处理速度分布如表 2-5 所列。高优先级单元和低优先级单元按比例速度共享工作。前两个计算块也按其处理速度的比例共享计算负载(即前两个并联计算块的性能为两个性能块之和)。第三个性能块获得前两个性能块的输出,并在这些性能块完成它们的工作时开始处理(这里的串联计算块即两个处理速度 G_i 和 G_j 组成的子系统的总处理速度等于 $G_i^{-1}+G_j^{-1}=G_iG_j/(G_i+G_j)$)。此处 w 为系统信号处理速度(Kb/s),如果该系统处理速度低于最小性能需求 w,则系统失效。需要考虑的是在不同阈值 w 下该系统的可靠性。

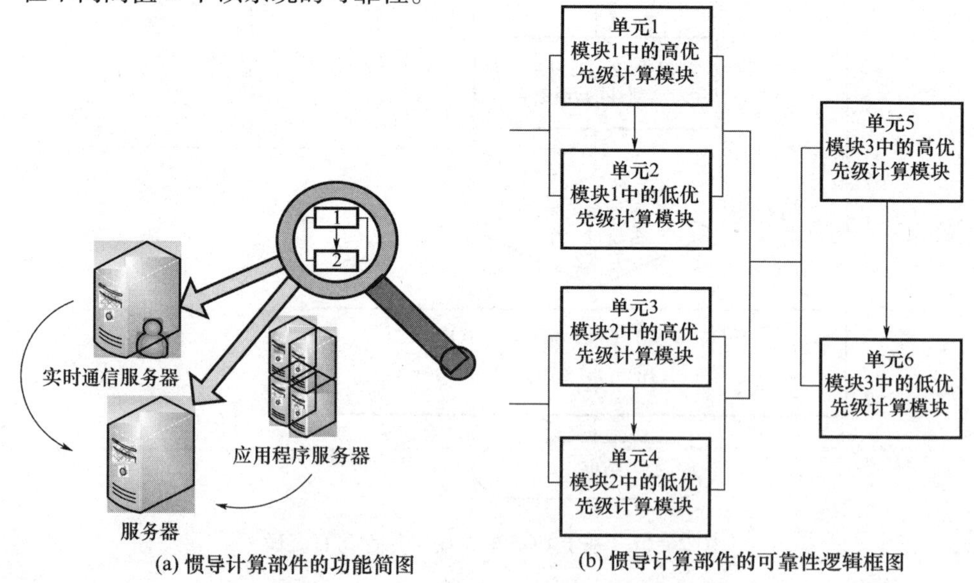

(a) 惯导计算部件的功能简图　　(b) 惯导计算部件的可靠性逻辑框图

图 2-12　计算模块可靠性逻辑框图

图2－12中1、3、5表示优先处理部件，2、4、6表示低优先级部件，部件间的箭头表示部件的性能相依关系，部件2、4、6分别受部件1、3、5状态的影响，其性能影响分布见表2－4和表2－5。

表2－4　单元1、3和5的性能状态及概率

性能状态/(Kb/s)	部件1	部件3	部件5
0	0.1	0.1	0.2
10	0.1	—	
20	0.1	0.6	
30	0.1	—	
40	0.3	—	
50	0.4	—	
60	—	0.3	
70	—	—	
80	—	—	0.2
100	—	—	0.6

G_1、G_3、G_5分别表示部件1、3、5的状态，P_1、P_3、P_5则分别表示部件对应状态的概率。部件1有6种状态，部件3有3种状态，部件5有3种状态，具体数值见表2－5。

表2－5　为相关单元2、4、6的性能状态及概率

部件2	G_2	30	15	0
$P_2(G_1)$：	$0\leqslant G_1<15$	0.8	0.1	0.1
	$15\leqslant G_1<35$	0.4	0.5	0.1
	$35\leqslant G_1<70$	0	0.9	0.1
部件4	G_4	30	15	0
$P_4(G_3)$：	$0\leqslant G_3<15$	0.8	0.1	0.1
	$15\leqslant G_3<35$	0.6	0.3	0.1
	$35\leqslant G_3<70$	0	0.9	0.1
部件6	G_6	50	30	0
$P_6(G_6)$：	$0\leqslant G_5<30$	0.8	0.1	0.1
	$30\leqslant G_5<90$	0.5	0.4	0.1
	$90\leqslant G_1<150$	0.3	0.6	0.1

2. 设计算法验证

采用设计仿真进行可靠性模型,基本步骤如下。

步骤 1 该系统属于任务处理类型。计算该系统状态分布的通用生成函数 u,由于部件 1、3、5 是独立部件,通过使用式(2-25)得到 $u_1(z)$、$u_3(z)$、$u_5(z)$;由于部件 2、4、6 是受部件 1、3、5 状态的影响,通过使用式(2-42)得到 $\tilde{u}_2(z)$、$\tilde{u}_4(z)$、$\tilde{u}_6(z)$。

$$u_1(z)=0.3z^{50}+0.3z^{40}+0.1z^{30}+0.1z^{20}+0.1z^{10}+0.1z^{0}$$

$$u_3(z)=0.3z^{60}+0.6z^{20}+0.1z^{0}$$

$$u_5(z)=0.6z^{100}+0.2z^{80}+0.2z^{0}$$

$$\tilde{u}_2(z)=(0.8,0.4,0)z^{30}+(0.1,0.5,0.9)z^{15}+(0.1,0.1,0.1)z^{0}$$

$$\tilde{u}_4(z)=(0.8,0.6,0)z^{30}+(0.1,0.3,0.9)z^{15}+(0.1,0.1,0.1)z^{0}$$

$$\tilde{u}_6(z)=(0.8,0.5,0.3)z^{50}+(0.1,0.4,0.6)z^{30}+(0.1,0.1,0.1)z^{0}$$

步骤 2 该系统为任务处理系统,即 $w(g_{ik},g_{jc})=g_{ik}+g_{jc}$。部件 2 受部件 1 影响,部件 4 受部件 3 影响,部件 6 受部件 5 影响,利用式(2-32)可得等价部件 7、8 和 9。

$$u_7(z)=u_1(z)\overset{\Rightarrow}{\underset{\text{ser}}{\otimes}}u_2(z)=\sum_{k=1}^{6}p_{1k}\sum_{c=1}^{3}p_{2c|\mu(k)}z^{g_{1k}+g_{2c}}$$

$$u_8(z)=u_3(z)\overset{\Rightarrow}{\underset{\text{ser}}{\otimes}}u_4(z)=\sum_{k=1}^{3}p_{3k}\sum_{c=1}^{3}p_{4c|\mu(k)}z^{g_{3k}+g_{4c}}$$

$$u_9(z)=u_5(z)\overset{\Rightarrow}{\underset{\text{ser}}{\otimes}}u_6(z)=\sum_{k=1}^{3}p_{5k}\sum_{c=1}^{3}p_{6c|\mu(k)}z^{g_{5k}+g_{6c}}$$

图 2-13 中部件 7 表示部件 1、2 的等价部件;部件 8 表示部件 3、4 的等价部件;部件 9 表示部件 5、6 的等价部件。

利用 MATLAB 编程,可以得到等价子系统 7、8、9 的状态分布和对应状态分布的概率,如表 2-6 所列;G_7、G_8、G_9 分别表示等价部件 7、8、9 的状态,P_7、P_8、P_9 分别表示部件 7、8、9 对应状态概率。

步骤 3 对系统进行分析,等价部件 7 与等价部件 8 并联,而后与等价部件 9 串联,等价部件 7、8、9 都为故障独立部件,利用式(2-27)和式(2-29)可得等价部件 10 与整个系统等价部件 11。

$$u_{10}(z)=u_7(z)\underset{\text{ser}}{\otimes}u_8(z)=\sum_{k=1}^{15}p_{7k}\sum_{c=1}^{9}p_{8c|\mu(k)}z^{g_{7k}+g_{8c}}$$

$$u_{11}(z)=u_{10}(z)\underset{\text{par}}{\otimes}u_9(z)=\sum_{k=1}^{33}p_{10k}\sum_{c=1}^{8}p_{9c|\mu(k)}z^{g_{10k}g_{9c}/(g_{10k}+g_{9c})}$$

再次利用MATLAB编程,可以得到等价部件10的状态分布和对应状态分布的概率如表2-7所列,并得到等价部件11的状态分布和对应状态分布的概率。

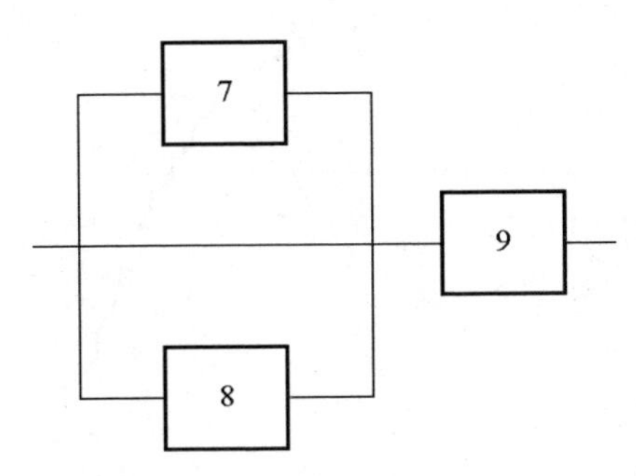

图2-13 子系统等价图

表2-6 等价部件7、8、9性能状态和对应概率

部件7	G_7	0	10	15	20	25	30	35	40
	P_7	0.01	0.01	0.01	0.01	0.01	0.09	0.05	0.11
	G_7	45	50	55	60	65	70	80	
	P_7	0.05	0.07	0.27	0.04	0.27	0	0	
部件8	G_8	0	15	20	30	35	50	60	75
	P_8	0.01	0.01	0.06	0.08	0.18	0.36	0.03	0.27
	G_8	90							
	P_8	0							
部件9	G_9	0	30	50	80	100	110	130	150
	P_9	0.02	0.02	0.16	0.02	0.06	0.08	0.46	0.18

步骤4 在得到该系统整体的u_{11}函数后,再利用公式得到该系统的可靠度$A(w)=\delta(u_{11},w)$,设定不同的阈值w通过MATLAB仿真得到该系统在不同性能阈值w要求下该系统的可靠度。

如图2-14所示,书中设计算法可以显示系统在不同性能状态下的分布特性。系统在没有维修的情况下,当性能状态w接近80时系统的可靠度最低,当系统不开机即$w=0$时系统的可靠度最高,随着性能指标的提高,系统可靠度呈现出下降的趋势。

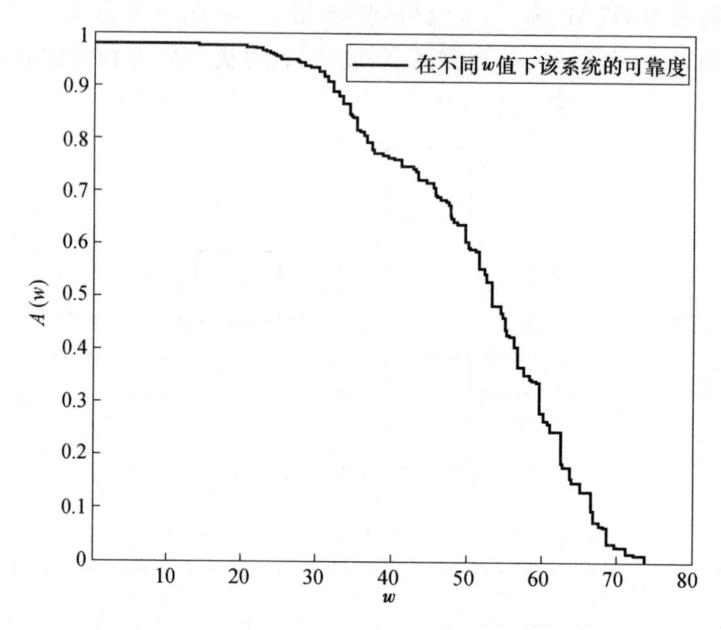

图 2-14 基于 UGF 的不同 w 值下该系统的可靠度

表 2-7 等价部件 10 的性能状态及对应概率

部件 10	G_{10}	0	10	15	20	25	30	35	40
	P_{10}	0.0001	0.0001	0.0002	0.0007	0.0002	0.0024	0.003	0.0026
	G_{10}	45	50	55	60	65	70	75	80
	P_{10}	0.0046	0.0128	0.0094	0.0204	0.0302	0.0286	0.047	0.0524
	G_{10}	85	90	95	100	105	110	115	120
	P_{10}	0.0714	0.0968	0.051	0.0798	0	0.123	0.03	0.135
	G_{10}	125	130	135	140	145	150	155	160
	P_{10}	0.0147	0.027	0.0729	0.0108	0.0729	0	0	0

3. 设计算法对比

为了进一步论证结果的正确性，与贝叶斯方法进行对比分析。首先建立贝叶斯网络（Bayesian Network，BN）模型，如图 2-15 所示，然后分别计算各节点的概率。

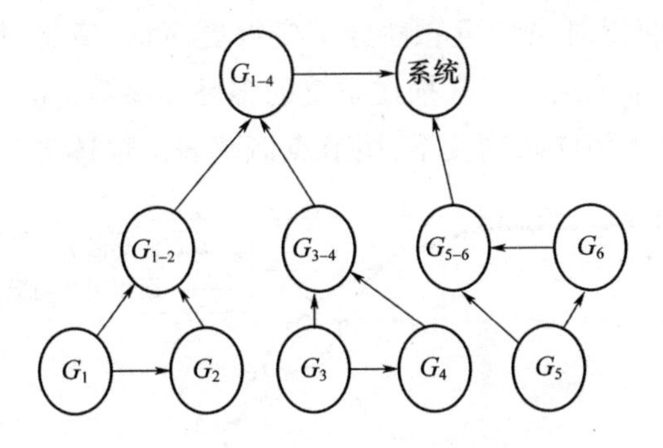

图 2 - 15　系统贝叶斯网络图

利用 MATLAB 的贝叶斯网络工具箱(Bayesian Networks Toolbox,BNT)进行编程,得到结果如图 2 - 16 所示。

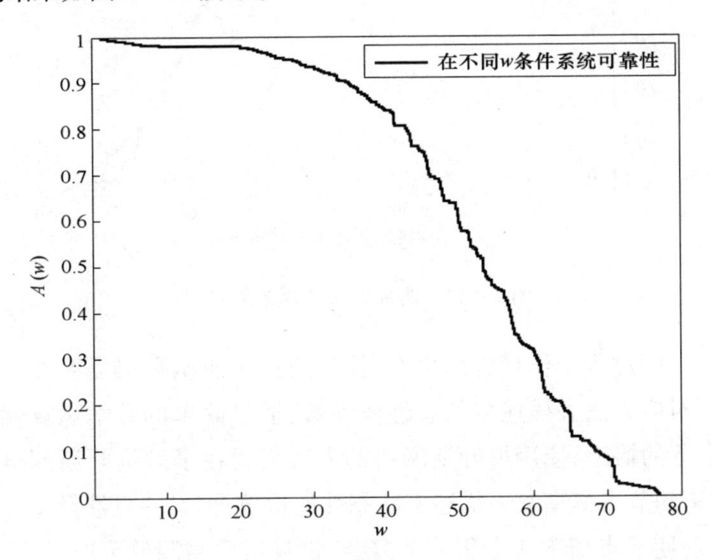

图 2 - 16　基于贝叶斯网络的不同w下系统可靠度

基于贝叶斯方法系统可靠度和基于通用生成函数方法的系统可靠度对比,如图 2 - 17 所示。

从图 2 - 17 可知,两种算法计算结果比较接近,整个误差小于 0. 025,在30 ~ 45 之间误差较大,为 0. 08 左右,说明了设计算法的可行性与正确性。另外,贝叶斯算法过程约需 630s,而基于 UGF 的算法需要 228s 左右,说明设计算法运行速度比较快。

(1) 从分析原理来看,使用通用生成函数可以将离散的多性能参数相互联系起来,用 u 函数表示部件性能状态及概率,用不同结构算子来表示部件间的关系，通过数学方法使得对系统可靠性分析变得更简洁、清楚；使用贝叶斯网络的方法是将图论与概率论结合起来描述系统的多性能参数，用节点表示部件，用节点间的有向弧来描述部件间的关系，用节点概率表来描述部件状态及概率。

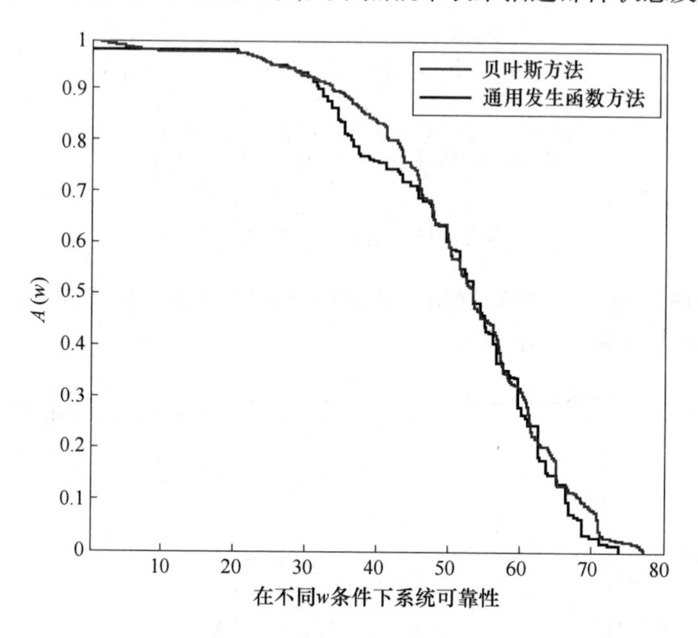

图 2－17　两种方法仿真结果对比

（2）从分析过程工作量方面来看，使用通用生成函数只需要在一定的数学基础上按照对应方法去描述多状态性能参数，通过简单的数学运算就能得到系统在多状态下的概率；使用贝叶斯网络的方法需要在了解贝叶斯网络建立的基础上，用图论和节点概率表去描述多状态性能参数，但是一旦涉及父节点状态多的情况，就会使节点概率表变得非常复杂，也易出现错漏的情况，导致对系统的可靠性计算结果不准确。从案例中就可以清楚地看到采用通用生成函数的方法，使用 u 函数就能清楚、准确地描述部件及系统的可靠性；而使用贝叶斯网络的方法，在案例中描述 G_{1-2} 就考虑了 18 种情况，更不用说最后描述系统概率表时需要考虑 196 种状态，无疑是对可靠性分析过程增加了工作量。

（3）从编程方面来看，使用通用生成函数方法编程，在描述了部件与系统 u 函数的条件下，进行简单的数学运算编程，即可得到最后系统的可靠性，而且编程过程中不需要理清部件间关系，只需要知道部件间的运算法则即可，通过使用这样的方法不需要编程人员有过多的可靠性方面的理论知识，而且也不需要编程人员进行复杂运算和使用其他编程工具。使用贝叶斯方法进行编程时，在理解贝叶斯网络构建原理和会使用 BNT 工具的条件下，进行大量的数值定义以及复杂的部件间节点编程，才能得到系统的可靠性，不仅需要编程人员正确理解部件间的关系，而且需要具备一定的可靠性知识才能理解 BNT 中参数设置，学会使用 BNT 工具。在本案例中，采用通用生成函数的方法进行编程时，仅仅将系统的性能参数及概率进行模型规定的运算，最后就能得到系统的可靠性；而使用贝叶斯网络的方法，在分析部件及系统状态后，需要定义大量的变量赋值进行编程，无疑是对编程难度和程序时间都造成了一定困难，而且在编程中还调用了 MATLAB 的 PNT 工具才得出系统的可靠性。

通过上述分析可知，算法可实现性能相依的多状态复杂系统的可靠性建模，可以获得系统在不同性能状态下的分布特性，相比于贝叶斯网络算法，计算效率更高；设计模型可用于各种多部件且性能相依的复杂装备系统的可靠性建模、优化与验证，进而为复杂装备的设计、使用与保障决策等工作提供技术支撑。

2.3　本章小结

可靠度是可用度建模的基础，在不同的可用度模型中系统的可靠度函数构建是核心也是难点。本章首先采用有限混合伽马分布拟合基于服役故障数据的可靠度分布模型及求解方法；其次，设计了基于 UGF 的多状态相依的复杂系统可靠性仿真模型，并结合算例和贝叶斯方法进行比较，验证了设计算法的高效性和精确性。但在研究过程中发现还存在以下问题。

(1) 有限混合伽马在寿命分布拟合过程求解时优化目标解的数值解具有一定的随机性，需要进行多次模拟取得。

(2) 目前利用 UGF 来研究多状态复杂系统可靠性时不能得到时间分布型的可靠性度量指标，限制了其在可靠性领域的应用，这也是以后研究的重点方向。

第3章　不同维修行为维修效果度量及维修成本评估

军用飞机等武器装备系统日趋复杂，武器装备系统的故障规律也越来越复杂，维修是保持武器装备质量特性的重要手段，合理的度量维修行为对可靠性以及维修成本的影响，是衡量装备保障效能、预计装备可靠性的必要基础，也是装备通用质量特性评估和在役考核的重要内容。

3.1　维修策略分析

3.1.1　维修过程分析

维修是保障装备质量和可靠性的有效手段，主要维修行为有修复性维修和预防性维修。目前复杂装备主要采取以可靠性为中心的维修策略，即根据装备的可靠性阈值合理设定预防性维修周期，定期开展预防性维修，同时当系统在预防性维修周期间隔内发生故障时进行修复性维修。航空装备，如军用飞机服役周期一般长达20年以上，预防性维修间隔或者部件寿命一般在交付部队使用时就给定了，并会在综合保障建议书中明确，其给定的依据主要是可靠性鉴定验收试验结果或者相同/类似产品的经验数据。在工程上，多部件系统的不同部件预防性维修周期可用 τ_i 表示，而系统的预防性维修周期为 τ，为了便于系统预防性维修工作的实施，会令 $\tau = \min_{i=1,2,\cdots,N} \tau_i$，经常取 $\tau_i = k_i\tau$（k_i 为正整数），则理论上系统维修规划过程如图3-1所示[14]。

但军用飞机在实际使用保障过程中，一般会结合产品的实际状态采取比较灵活的维修策略，进行机会维修。机会维修（Opportunistic maintenance）是指当系统内的某部件发生失效时，通常利用对失效部件维修的机会，对系统中短期内还需要维修的其他部件提前进行预防性维修，这可以大大减小系统的非计划维修比例，降低停机时间和维修费用[75]。因此军用飞机在寿命周期内的维修过程系统状态如图3-2所示。

如图3-2所示，假定系统的预防性维修周期为 τ，在一个预防性维修周期之内如果发生故障，则进行修复性维修以及预防性维修；如果不发生故障则等系统运行至下一个预防性周期进行预防性维修。

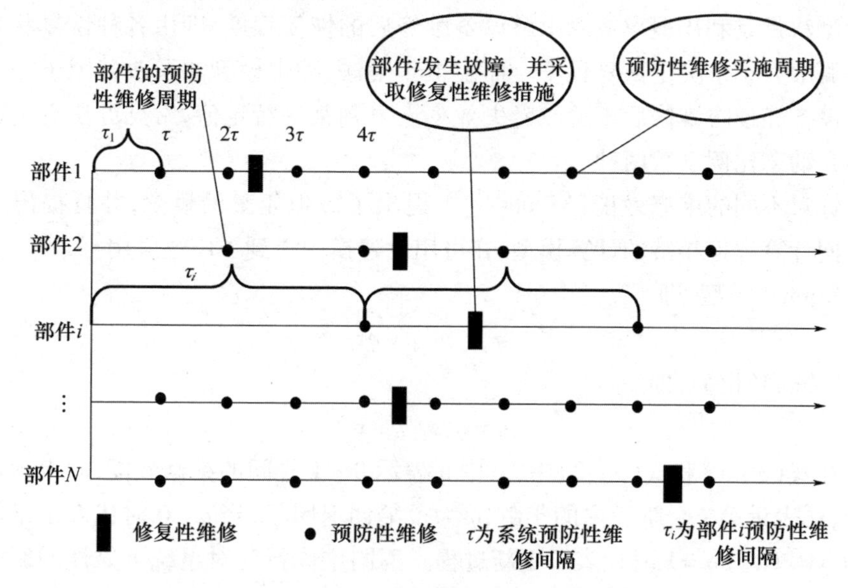

图3-1　以可靠性为中心的复杂装备维修策略示意

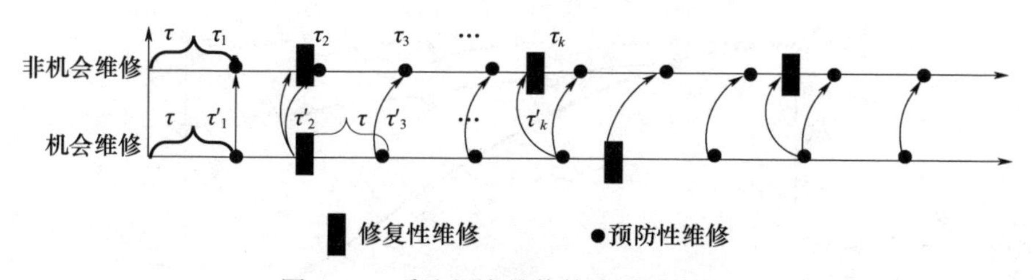

图3-2　采取机会维修策略时系统状态

3.1.2　基于正态分布的不完全维修模型构建

不同的维修行为会产生不同的维修效果，即不同的维修行为对产品质量状态的改变幅度。Brown[6]首先分析了不同维修行为的维修效能，提出完全维修、不完全维修和最小维修的概念。完全维修是指装备在维修之后，恢复到全新的统计状态；最小维修是指装备在维修后恢复到发生故障前的统计状态；不完全维修是指装备在维修后恢复到介于完全维修和最小维修之间的统计状态。徐宗昌等[14]根据维修程度将维修策略划分为完全维修、最小维修、不完全维修、较差维修、最差维修5种，其中较差维修是指装备在维修后恢复到比维修前略差的状态，但是其状态仍在可靠及安全的范围内；最差维修是指装备在维修后恢复到比发生故障前更差的状态，而且不可再安全运行。

目前维修效果定量分析模型有改善因子法、虚拟年龄法、冲击模型法、(α,β)模型法、(p,q)模型法及复合(p,q)模型[76]法等，其中(p,q)以及复合(p,q)模型法都是利用概率概念求解设备维修后的恢复程度，即由各种恢复状态发生的概率大小来决定恢复程度。而虚拟年龄法、冲击模型法及改善因子法都是假设设备经预防维修后年龄或者失效率恢复到某一特定值，常见方法有定比例系数和动态比例系数两种。

针对不同的维修效能，Kijima[77-78]提出了虚拟年龄的概念，并且提出了两种不同计算虚拟年龄的计算模型，在可用度建模中得到了广泛应用。

KijimaI 模型，即

$$\nu_i = \nu_{i-1} + qx_i \tag{3-1}$$

KijimaII 模型，即

$$\nu_i = q(v_{i-1} + x_i) \tag{3-2}$$

在式(3-1)和式(3-2)中，其中 q 表示 0~1 之间的维修效能，v_i 表示虚拟年龄，x_i 表示第 i 个阶段内的年龄，q 为役龄回退因子，当 $q=0$ 时代表了维修过程为 NHPP，当 $q=1$ 时代表了更新过程。不同维修行为对系统可靠性的影响如图 3-3 所示。

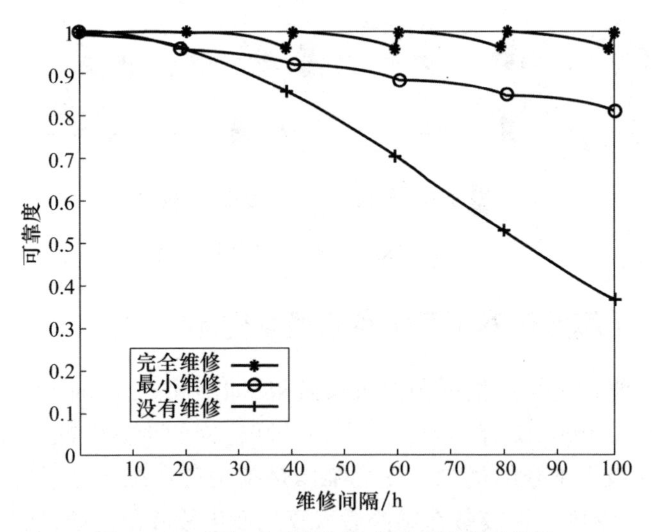

图 3-3　采取不同维修策略时系统的可靠性

Yuan F Q 和 Kumar U[79]在 Kijima 的基础上构建了一种通用的非完全维修模型来度量单部件系统的维修效能，将维修效能函数由离散型 0-1 模型拓展为基于时间函数的维修效能函数，并且实现了 Kijima 模型的统一。

但是上述模型中的具体参数确定都比较困难，主观性比较强。石冠男等[80]

以系统长期平均费用率为目标,以预防维修阈值和检测周期为约束条件,建立了可修多部件系统的最优维修决策模型,采用Beta函数构建了维修效果度量函数;陈浩等[81]对某型海军特种飞机的维修决策进行了研究,将系统维修类型分为更换、修理及保养3种类型,其中更换为完全维修,修理和保障为不完全维修模型。文献[21]研究了某型军用飞机任务准备期内的维修保障任务完成的概率和持续时间之间的关系,并分别采用指数分布、正态分布、对数正态分布对其进行验证,表明正态分布可以表征复杂逻辑和多工序维修任务的维修效能。

上述研究表明,在系统维修所需的各项资源包括人力资源、设备、工具和备件等都满足维修任务需求的情况下,维修效果和维修任务持续时间相关,且不同维修行为的维修效果介于[0,1]之间,即维修后的效果介于“全新”和“全旧”之间,因此可采用动态役龄因子构建复杂系统的不完全维修策略,如果系统在维修之前的故障率为$\lambda(t)$,在第i次维修之后的系统故障率为$\hat{\lambda}_{i+1}(t)$,$\hat{\lambda}_{i+1}(t)=\lambda\left(t-\sum_{j=1}^{i}\xi_j\tau_i\right)$,$\tau_i=T_i-T_{i-1}$为第$i$次与前一次相邻两次维修的间隔时间,其中$\xi$服从某种概率分布,其分布参数可根据系统维修的现场数据统计或者维修模拟仿真得出,此处假设ξ服从正态分布,有

$$\xi(x,\mu,\sigma)=\Phi\left(\frac{x-\mu}{\sigma}\right)=\frac{1}{\sqrt{2\pi}\sigma}\int_{-\infty}^{x}\exp\left(-\frac{1}{2}\left(\frac{x-\mu}{\sigma}\right)^2\right)\mathrm{d}x \tag{3-3}$$

式中:x为维修活动持续时间;μ和σ为均值和方差。则系统进行第i次维修后的系统可靠度为

$$R_{(i+1)}(t)=\exp\left\{-\int_{0}^{\tau_i}\lambda_{i+1}(x)\mathrm{d}x\right\}=\exp\left\{-\int_{0}^{\tau_i}\frac{\frac{1}{\sigma}\phi\left(\frac{x-\mu}{\sigma}\right)}{1-\Phi\left(\frac{x-\mu}{\sigma}\right)}\mathrm{d}x\right\} \tag{3-4}$$

3.2 机会维修成本函数建模

根据近年来统计数据显示,部分装备的维修费用已超过装备研制费和采购费的总和,美军近40年的装备维修费用高达国防费用的14.2%[82],因此在重视装备可靠性和可用性的同时,装备的维修费用也越来越受到重视,装备的经济性已成为装备在役考核的重要指标之一。

如图3-2和图3-3所示,系统的维修活动有预防性维修和修复性维修两种,修复性维修成本记为C^{c},预防性维修成本记为C^{p}。两种不同维修成本均由两部分组成,第一部分为常数,称为基本成本或“固定成本”,如调动修理人员、

拆卸机器、运输、工具以及与这些任务所损失的时间有关的生产损失;第二部分为可变成本,与待更换部件的具体特性相关,如更换备件成本、人力成本、特定工具和维修程序。

因此,当系统进行预防性维修时,系统的维修成本为

$$C_{\mathrm{sys}}^{\mathrm{p}} = C_0^{\mathrm{p}} + \sum_{i \in G_{\mathrm{p}}} C_i^{\mathrm{p}} \tag{3-5}$$

式中:$C_{\mathrm{sys}}^{\mathrm{p}}$为进行一次预防性维修的总成本;$C_0^{\mathrm{p}}$ 为一次预防性维修的固定成本;$\sum_{i \in G_{\mathrm{p}}} C_i^{\mathrm{p}}$ 为在维修过程中需要更换部件的维修成本;G_{p} 为需要进行预防性维修的部件集。

当系统在运行期间发生故障时,则需要进行修复性维修,同时要对相关部件进行预防性维修,在此过程中,假设预防性更换成本和机会性更换成本相同,为 C_i^{p},则修复性维修成本由下式给出,即

$$C_{\mathrm{sys},j}^{\mathrm{c}} = C_0^{\mathrm{c}} + C_j^{\mathrm{c}} + \sum_{i \in G_{\mathrm{h}}, i \neq j} C_i^{\mathrm{p}} \tag{3-6}$$

式中:$C_{\mathrm{sys},j}^{\mathrm{c}}$为由于组件 j 的故障而导致的修复性成本;C_0^{c} 为系统进行一次修复性维修的固定成本;C_j^{c} 为部件 j 进行修复性维修的成本;G_{h} 为在此机会期间需要进行预防性维修的部件集;$\sum C_i^{p}$ 为对应的预防性维修成本。在复杂系统维修过程中,不同部件故障后对应的 G_{h} 可能会不一致,应当根据实际情况进行调整。

因此,整个系统的修复维修的平均维修成本为

$$E(C_{\mathrm{sys}}^{\mathrm{c}}) = \frac{\sum_{j=1}^{q} \left(C_0^{\mathrm{c}} + C_j^{\mathrm{c}} + \sum_{i \in G_{\mathrm{hk}}} C_i^{\mathrm{p}}\right) F_{\mathrm{sys},j}(\tau_k) + \left(C_0^{\mathrm{p}} + \sum_{i \in G_{\mathrm{pk}}} C_i^{\mathrm{p}}\right)(1 - F_{\mathrm{sys}}(\tau_k))}{q} \tag{3-7}$$

式中:q 为系统部件数量。

在寿命周期内系统期望的修复性维修次数为

$$\begin{aligned} N_{\mathrm{c}} &= n_1 + n_2 + \cdots + n_N \\ &= \int_0^{T_1} \lambda(t)\,\mathrm{d}t + \int_0^{T_2} \lambda_2(t)\,\mathrm{d}t + \cdots \int_{T_{N-1}}^{T_N} \lambda_N(t)\,\mathrm{d}t \end{aligned} \tag{3-8}$$

无故障条件下的预防性维修次数为

$$N_{\mathrm{p}} = \lfloor \frac{T}{\tau} \rceil \tag{3-9}$$

式中:T 为系统预期的寿命长度;τ 为预防性维修间隔;$\lfloor\ \rceil$表示取整。采用机会维修时则系统的期望维修成本函数为

$$\begin{cases} C = N_c(C_{sys}^c \cup C_{sys}^p) + \lfloor (T - \sum_{i=1}^{N_c} \tau_i)/\tau \rfloor C_{sys}^p, N_c < N_p \\ C = N_c(C_{sys}^c \cup C_{sys}^p), \quad N_c \geq N_p \end{cases} \tag{3-10}$$

式中：$C_{sys}^c \cup C_{sys}^p$为机会维修时预防性维修和修复性维修的总成本，满足 $C_{sys}^c < C_{sys}^c \cup C_{sys}^p < C_{sys}^c + C_{sys}^p$。

采用定期维修策略时，系统在第 k 个维修周期内的维修成本为

$$C(\tau_k) = C^c F(\tau_k) + C^p(1 - F(\tau_k)) \tag{3-11}$$

因此，可以设定系统采取机会维修策略时系统成本的计算流程，如图 3-4 所示。

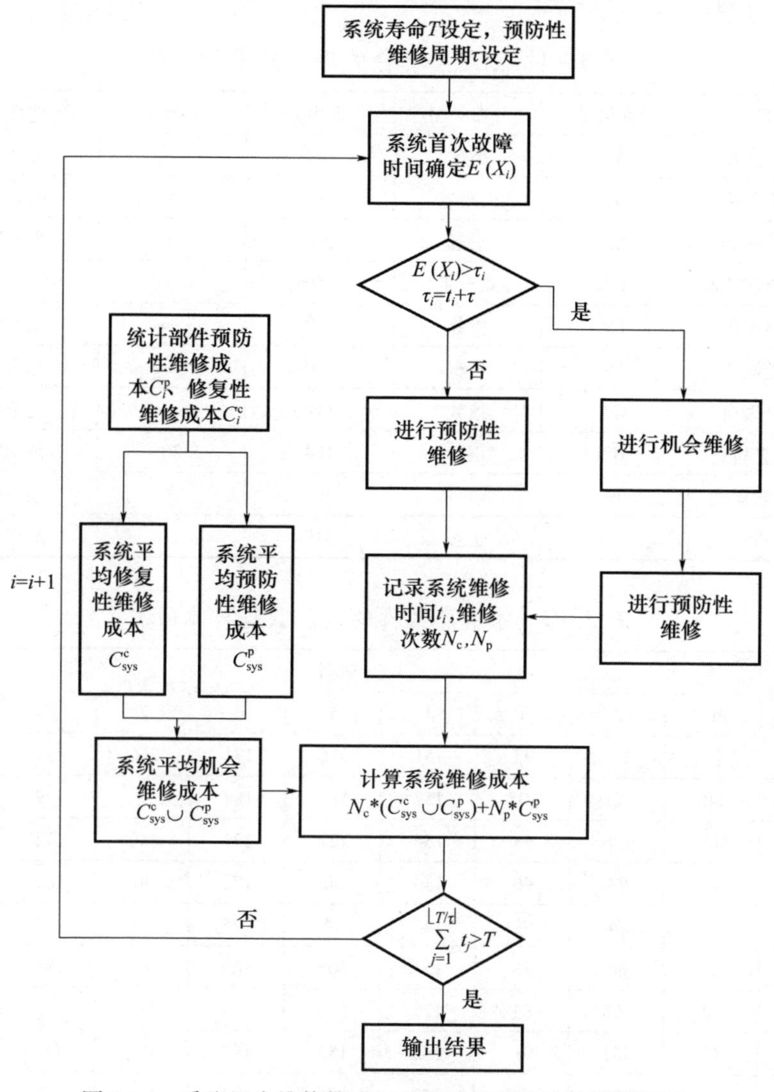

图 3-4　采取机会维修策略时系统维修成本计算流程框图

3.3 算例分析

以某型飞机的机载信息探测系统为例对构建方法进行分析,系统主要组成包括指挥控制台、敌我识别机、通信数据链、相控阵雷达阵面、电子对抗机、波束控制机、信号处理机、早期预警雷达、低空搜索雷达和警戒雷达等主要部件。系统的结构和各主要部件的寿命分布参数如表3-1所列[83],故障数据样本如表3-2所列。

表3-1 系统各部件的寿命分布及参数

单元名称	单元编号	分布类型	参数1	参数2	部件维修效果
指挥控制台	A1	指数	100	—	完全维修
敌我识别机	B2	威布尔	114	5	最小维修
通信数据链	C3	正态	88	9	最小维修
相控阵雷达阵面	D4	威布尔	150	11	完全维修
电子对抗机	E5	指数	200	—	完全维修
波束控制机	F6	正态	170	3	完全维修
信号处理机	G7	指数	119	—	完全维修
早期预警雷达	H8	正态	164	30	最小维修
低空搜索雷达	I9	威布尔	99	3	最小维修
警戒雷达	J10	正态	310	17	最小维修

表3-2 系统各部件的故障数据样本(h)

样本编号	部件								
	1	2	3	4	5	6	7	8	9
1	71	89	93	151	516	171	266	117	95
2	80	121	105	157	584	168	5	179	143
3	43	106	68	154	127	171	640	172	46
4	34	93	96	140	50	172	30	165	38
5	28	74	91	146	14	175	24	124	88
6	128	60	76	151	408	169	17	198	89
7	39	103	84	129	113	164	294	175	102
8	42	131	91	142	151	167	109	155	47
9	182	130	120	143	886	174	160	165	99

续表

样本编号	部件								
	1	2	3	4	5	6	7	8	9
10	213	121	113	120	217	167	27	156	129
11	70	80	76	153	364	173	100	111	62
12	4	121	115	134	46	170	11	155	97
13	108	83	95	134	233	174	203	139	111
14	54	122	87	150	128	164	159	135	96
15	150	68	94	142	360	169	229	129	131
16	71	89	93	151	516	171	266	117	95

系统工作过程分为3个主要阶段,即早期预警阶段、火控制导阶段和警戒阶段,不同阶段不同的设备参与工作。系统在执行早期预警任务时,系统可靠性逻辑框图如图3-5所示,此时警戒雷达不参与任务过程,采用可靠性综合方法可得其系统可靠度为

$$R_s = \{1-(1-R_1)(1-R_2)\}R_3\{1-(1-R_4)(1-R_5)(1-R_9)\}R_6\{1-(1-R_7)(1-R_8)\} \tag{3-12}$$

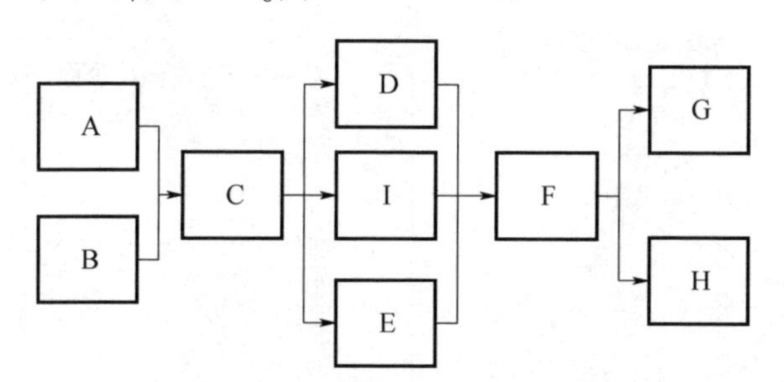

图3-5　系统可靠性逻辑框图

在此,用伽马分布来拟合复杂产品的寿命分布模型,利用MATLAB软件进行置信度为0.95的伽马分布参数估计(2.0729,75.8322),置信上、下限为(1.6792,2.5590;59.7606,96.2259),并拟合其可靠度函数,如图3-6所示。

图3-6中"＊"号为利用可靠性综合方法求出的系统可靠度,平滑曲线为基于伽马分布拟合的可靠度曲线,当图3-6所示时间大于100时,系统可靠度衰减速度较快,可靠性综合方法表现得尤为突出,显示系统可靠度趋于0,这是由串联系统的可靠性数学模型的固有缺陷造成的,传统的串联系统可靠性计算模型如式(3-4)所示,当其中一个部件发生故障的概率接近1时,系统的可靠度会迅速接近0。但是实际构成中系统不会立刻失效,只是增加了失效的概率,

拟合分布曲线更能真实表现系统的可靠度。为了更清楚地说明这个情况，将两种方法的计算结果和各个部件的可靠度进行比较，如图 3－7 所示。

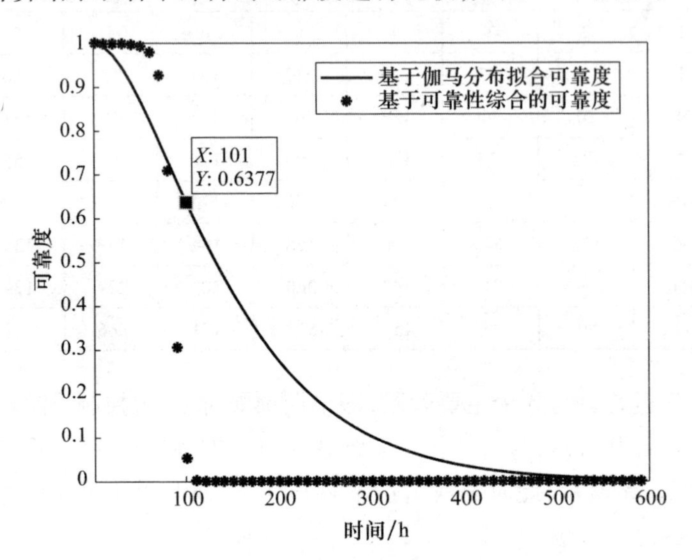

图 3－6　基于伽马分布系统拟合可靠度和可靠性综合的可靠度

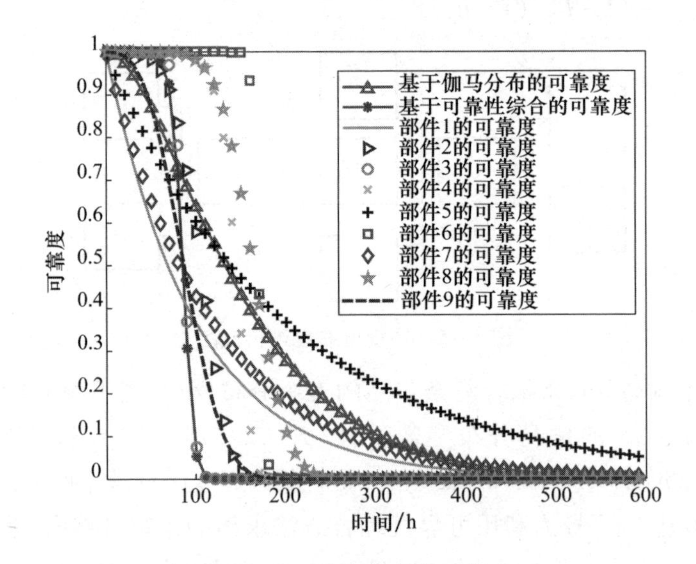

图 3－7　系统与部件的可靠度

在图 3－7 中，部件 1、部件 2 和部件 7 等部件的可靠性在 $t=100$h 时可靠度迅速降低，所以基于可靠性综合的可靠度迅速降低，而基于拟合分布的可靠度衰减速度则相对平缓，比较符合真实情况。

为了进一步说明维修性对系统可靠性的影响，统计系统24次维修的时间样本如表3－3所列。

表3－3 系统维修时间样本(h)

1.9	2.20	3.70	4.50	5.5	4.8
4.7	4.5	5.10	4.7	5.20	3.90
2.40	1.70	3.80	4.50	6.00	5.60
6.90	6.00	5.60	6.90	6.50	5.60

采用正态分布模型，取置信度为95%，拟合维修效果分布参数为：$\mu=4.6750$，$\sigma=1.4851$，置信上、下限为(4.0479,5.3021)和(1.1542,2.0832)，将所得参数和表3－3中数据代入式，可得不同维修时间的役龄回退因子，以前6个周期为例对算例进行说明，如图3－8所示。

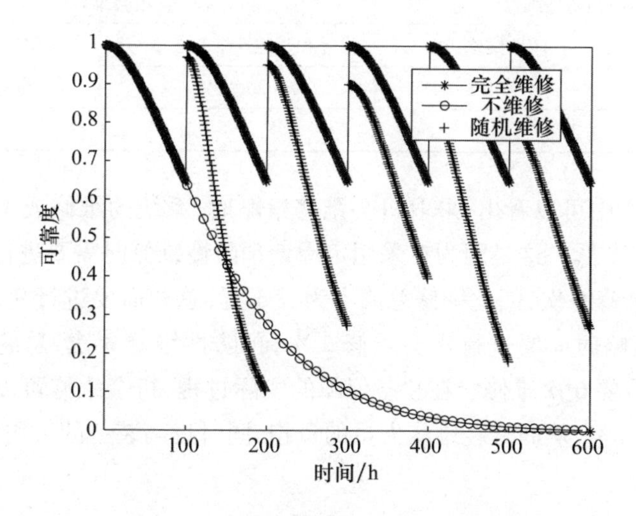

图3－8 考虑维修效果的系统可靠度

统计系统部件的维修成本并代入式(3－5)、式(3－6)和式(3－7)，可得系统的平均预防性维修成本和修复性维修成本分别为0.3万/次和0.5万/次，联合维修成本为0.4万/次。

计算当系统运行600h，预防性维系周期为100h，分别采取定周期维修和机会维修策略下的成本。在计算机会维修策略时需要考虑故障首次达到时间，以及修理后的再次故障到达时间，即需要合理分析系统的维修规划过程，见图3－9。

分别按照机会维修策略和定周期预防性维修策略进行维修，综合利用式(3－8)至式(3－11)，可得其维修成本的最终计算结果，如表3－4所列。

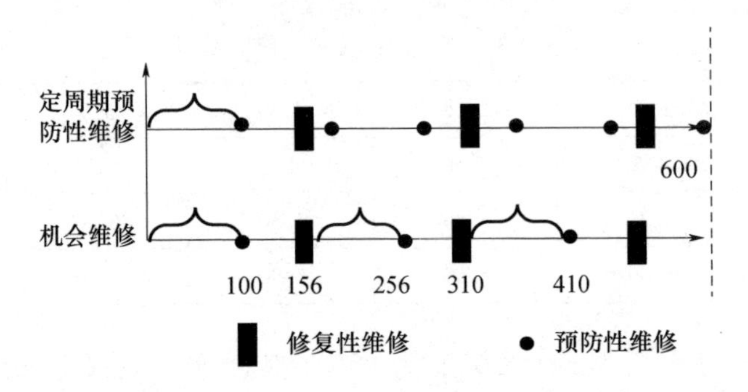

图3－9　采用定周期预防性维修和机会维修时的维修过程

表3－4　不同维修策略系统维修成本

定周期预防性维修		机会维修	
修复性维修成本/万	预防性维修成本/万	修复和预防性维修成本/万	预防性维修成本/万
1.5	1.8	1.2	0.9
3.3		2.1	

从表3－4中可以看出，采取机会维修策略时，系统的维修成本要比定周期预防性维修成本低。这是因为在采用定周期预防性维修时需要进行修复性维修3次，预防性维修6次，因此维修总成本为3.3万，总共需要进行9次维修，而采用机会维修策略时需要进行机会维修3次，预防性维修3次，总的维修成本为2.1万，总共需要6次维修。在装备保障的实际过程，机会维修可以减少维修次数，降低维修成本，从而减轻维修人员的负担，同时提高装备的可用度。

3.4　本章小结

本章以军用飞机的维修保障过程为工程背景，充分分析了当前不同维修策略的维修效果。针对装备服役周期长、服役环境复杂的特征，采用伽马分布模型拟合复杂装备的寿命分布模型，并结合装备的实际维修过程，基于正态分布的役龄回退模型度量装备的随机维修效果。以某型飞机舰载信息探测系统为例进行算法验证，分别对构建的寿命分布模型、不完全维修模型，以及维修成本模型进行了比较。算例表明，与采取完全维修策略相比，基于正态函数构建的役龄回退因子可以更好地反映出长周期服役系统在维修过程中随机性和不确定性。

在此基础上考虑到装备的经济性,为了控制其寿命周期内的维修保障成本,构建了定周期预防性维修和机会维修的装备维修成本模型。本章对比分析了考虑随机维修效能的机会维修和定周期预防性维修策略下的维修成本,说明在满足装备可靠的前提下机会维修可以有效节约维修成本,提高保障效能。

本章的研究方法和结果可以为长周期服役的装备可靠性评估、维修效果度量与成本评估提供技术支持,为装备保障、使用和维修提供决策依据,更为有效地推动装备在役考核、通用质量特性设计等工作的开展。

第4章　考虑不同维修策略的复杂系统可用度建模

可用度建模的核心是装备的可靠性和维修性，可靠性的要点在于故障时间分布，维修性的要点在于维修行为的维修效果度量和维修时间分布特性，根据维修效果维修行为可分为完全维修和不完全维修等，维修时间一般假设为某种特定分布或者常数，不同的维修行为模型、故障和维修时间分布模型对应的可用度建模的复杂程度不同，建模方法也不一样。在此，首先基于完全维修策略构建故障和维修时间服从一般分布的周期性检查装备的瞬时可用度模型和稳态可用度模型；然后考虑同时采用不完全维修策略和完全维修策略时构建故障和维修时间服从一般分布的周期性检查装备的瞬时可用度模型和稳态可用度模型。

4.1　基于完全维修策略的可用度建模

假设系统每隔时间 τ 检查一次，如果发现故障，则即时进行修理，采用完全维修，即修复如新，如果检查未发现故障，则认为系统如新，继续运行。

如果在检查周期之前系统出现故障，但系统正常运行，则认为系统正常工作，如果系统失效，则立即维修，采取完全修理策略。

4.1.1　模型构建

对于一般系统，假设其故障时间分布函数为 $F(t)$，维修时间分布函数为 $G(t)$，$\overline{F}(t)=1-F(t)$ 为系统可靠度函数，$A(t)$ 为可用度函数，$t\geqslant 0$，τ 为检查周期，则系统的可用度函数模型为

$$A(t)=\begin{cases}\overline{F}(t), & \text{若 } 0\leqslant t\leqslant\tau\\ A(k\tau)\overline{F}(t-k\tau)+[1-A(k\tau)]G(t-k\tau), & \text{若 } k\pi<t\leqslant(k+1)\tau \quad k=1,2,3,\cdots\end{cases}\tag{4-1}$$

证明：

（1）当 $0 \leqslant t \leqslant \tau$ 时，显而易见，有

$$A(t) = \overline{F}(t) \tag{4-2}$$

（2）当 $\tau \leqslant t \leqslant 2\tau$ 时，采用全概率公式可得

$$\begin{aligned}
A(t) &= \Pr(X(t)=1 \mid X(\tau)=1)\Pr(X(\tau)=1) + \Pr(X(t)=1 \mid X(\tau)=0) \cdot \Pr(X(\tau)=0) \\
&= \overline{F}(\tau)\overline{F}(t-\tau) + F(\tau)G(t-\tau) \\
&= \overline{F}(\tau)\overline{F}(t-\tau) + (1-\overline{F}(\tau))G(t-\tau) \\
&= A(\tau)\overline{F}(t-\tau) + (1-A(\tau))G(t-\tau)
\end{aligned} \tag{4-3}$$

（3）当 $k\tau \leqslant t \leqslant (k+1)\tau$ 时，采用全概率公式可得

$$\begin{aligned}
A(t) &= \Pr(X(t)=1 \mid X(k\tau)=1)\Pr(X(k\tau)=1) + \\
&\quad \Pr(X(t)=1 \mid X(k\tau)=0)\Pr(X(k\tau)=0) \\
&= A(k\tau)\overline{F}(t-k\tau) + (1-A(k\tau))G(t-k\tau)
\end{aligned} \tag{4-4}$$

由以上可知，只需找到 $A(k\tau)$ 和 $A[(k+1)\tau]$ 的递推关系，即可获得 $A(t)$ 的表达式。

引理　假设 $0 < a$、$b < 1$，满足 $w_0 = 1, w_1 = a, w_{k+1} = w_k a + (1-w_k)b (k = 1,2,3,\cdots)$，则

$$w_k = \frac{(a-b)^k(1-a)+b}{1-a+b} \tag{4-5}$$

当 $k \to \infty$ 时，$w_k = b/(b+1-a)$。

证明　因为 $w_{k+1} = b + (a-b)w_k$，而 $w_{k+1} - w_k = (a-b)(w_k - w_{k-1}) = \cdots = (a-b)^k(w_1 - w_0)$，所以

$$\begin{aligned}
w_k &= (w_k - w_{k-1}) + (w_{k-1} - w_{k-2}) + \cdots + (w_1 - w_0) + w_0 \\
&= [(a-b)^{k-1} + (a-b)^{k-2} + \cdots + 1](w_1 - w_0) + w_0 \\
&= \frac{1-(a-b)^k}{1-a+b}(a-1) + 1 = \frac{(a-b)^k(a-1)+b}{1-a+b}
\end{aligned}$$

因为 $|a-b| < 1$，当 $k \to \infty$ 时，根据洛必达法则，有 $w_k = b/(b+1-a)$。

在此，令 $a = \overline{F}(t), b = G(t), 0 \leqslant t \leqslant \tau$，则满足 $0 < a$、$b < 1$ 的条件。

又令 $t = k\tau + u, u \in [0,\tau]$，则式(4-4)可变形为 $A(k\tau+u) = A(k\tau)\overline{F}(u) + (1-A(k\tau))G(u)$。

令 $w_k = A(k\tau)$，则满足条件 $w_0 = 1, w_1 = a, w_{k+1} = w_k a + (1-w_k)b$。根据引理可知

$$A(k\tau) = \frac{(a-b)^k(1-a)+b}{1-a+b} \tag{4-6}$$

所以

$$A((k+1)\tau)=A(k\tau)\overline{F}(t-k\tau)+[1-A(k\tau)]G(t-k\tau)$$
$$\overset{t=k\tau+u}{\Rightarrow}\frac{(a-b)^k(1-a)+b}{1-a+b}\overline{F}(u)+$$
$$\left[1-\frac{(a-b)^k(1-a)+b}{1-a+b}\right]G(u) \tag{4-7}$$

证毕,所以式(4-1)成立。对于一般形式的系统故障函数和维修函数,只需代入式(4-1),即可得到其系统可用度函数。

Sarkar J 研究周期检查装备的极限平均可用度函数[25-26]为

$$A_{\mathrm{av}}[0,\infty)=\tau^{-1}\int_0^{\tau}A(u)\mathrm{d}u \tag{4-8}$$

式中:τ 为检查周期,若系统的可用度为 $A(t)=A(k\tau)\overline{F}(t-k\tau)+[1-A(k\tau)]G(t-k\tau)$,则其极限可用度为

$$\lim_{t\to\infty}A(t)\overset{t=k\tau+u}{\Rightarrow}\frac{(a-b)^k(1-a)+b}{1-a+b}\overline{F}(u)+\left[1-\frac{(a-b)^k(1-a)+b}{1-a+b}\right]G(u)$$
$$\overset{k\to\infty}{\Rightarrow}\frac{b}{1-a+b}\overline{F}(u)+\left[\frac{1-a}{1-a+b}\right]G(u) \tag{4-9}$$

周期性检查装备的极限平均可用度为

$$\begin{aligned}A_{\mathrm{av}}[0,\infty)&=\tau^{-1}\int_0^{\tau}A(u)\mathrm{d}u\\&=\tau^{-1}\int_0^{\tau}\{A(k\tau)\overline{F}(t-k\tau)+[1-A(k\tau)]G(t-k\tau)\}\mathrm{d}t\\&\underset{k\to\infty}{\overset{t=k\tau+u}{\Rightarrow}}A_{\mathrm{av}}[0,\infty)\\&=\tau^{-1}\int_0^{\tau}\left\{\frac{b}{1-a+b}\overline{F}(u)+\left[\frac{1-a}{1-a+b}\right]G(u)\right\}\mathrm{d}u\end{aligned} \tag{4-10}$$

4.1.2 几种典型故障/维修时间分布的可用度模型

一般情况下,装备的故障/维修时间可以根据采集试验或者现场数据进行分布拟合及验证,很多学者根据工程经验和理论验证结果对不同产品的故障/维修时间分布进行了总结[84],典型产品的故障分布类型如表 2-1 所列,维修时间分布函数如表 4-1 所列。

表4-1 常用维修时间分布函数分布形式

分布类型	维修密度函数	备注
指数分布	$m(t)=\mu e^{(-\mu t)}$	$\mu\approx\frac{1}{\overline{M}_{ct}},\overline{M}_{ct}\frac{1}{N}\sum_{i=1}^{N}t_i$,$N$为样本观测数量,适用短时间修复或迅速换件的产品
正态分布	$m(t)=\frac{1}{\sigma_i\sqrt{2\pi}}\exp\left(-\frac{1}{2}\left(\frac{t-\overline{M}_{ct}}{\sigma_i}\right)^2\right)$	$\mu\approx\overline{M}_{ct},\sigma_i^2=\sqrt{\sum_{i=1}^{N}(t_i-u)^2/(N-1)}$,适用于故障简单、单一产品的维修活动或基本作业
对数正态分布	$m(t)=\frac{1}{t\sigma_i\sqrt{2\pi}}\exp\left(-\frac{1}{2}\left(\frac{\ln t-\mu_t}{\sigma_i}\right)^2\right)$	适用于修理频率和修理延续时间都互不相等的若干活动组成的复杂装备维修任务

1. 故障/维修时间均服从指数分布的可用度模型

故障/维修时间服从指数/常数分布的系统可用度,令$\overline{F}(t)=1-F(t)=\exp(-\alpha t)$,$G(t)\equiv v$,$v$为系统的平均维修时间,则系统可用度函数为

$$A(t)=\begin{cases}\exp(-\alpha t),\text{若 }0\leqslant t\leqslant\tau\\ A(k\tau)\exp(\alpha(t-k\tau))+[1-A(k\tau)]\exp(\alpha(t-k\tau-v)),\\ \text{若 }k\pi<t\leqslant(k+1)\tau\quad k=1,2,3,\cdots\end{cases}\tag{4-11}$$

式中:v为维修时间;α为指数分布参数。当维修时间为50h、检查周期为50h、指数分布参数$\alpha=0.01$时,系统的可用度如图4-1所示。

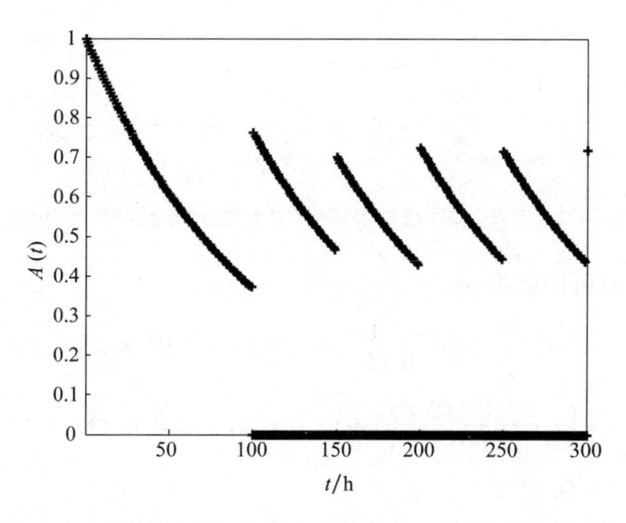

图4-1 系统故障/维修服从指数/常数分布时的瞬时可用度

系统极限平均可用度为

$$A_{\mathrm{av}}[0,\infty) = 50^{-1}\int_0^{50}\left\{\frac{1}{1-0.6050+1}\overline{F}(u) + \left[\frac{1-0.6050}{1-0.6050+1}\right]G(u)\right\}\mathrm{d}u = 0.565 \qquad (4-12)$$

系统故障/维修时间服从指数/指数分布时，$\overline{F}(t)=\exp(-\alpha t)$，$G(t)=1-\exp(\mu t)$系统的可用度模型为

$$A(t)=\begin{cases}\exp(-\alpha t),若\ 0\leqslant t\leqslant\tau\\ A(k\tau)\exp(-\alpha(t-k\tau))+[1-A(k\tau)][1-\exp(-u(t-k\tau))],\\ 若\ k\pi<t\leqslant(k+1)\tau,k=1,2,3,\cdots\end{cases} \qquad (4-13)$$

式中：u 为维修函数参数。当维修 $u=0.5$，故障 $\alpha=0.01$，检查 $\tau=50$ 时系统可用度如图 4-2 所示。

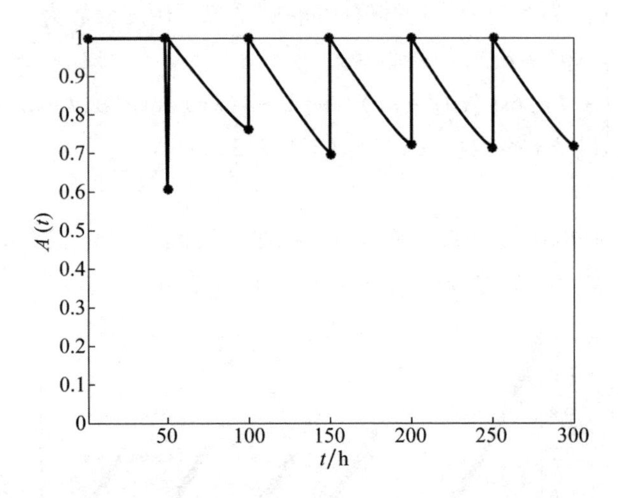

图 4-2 系统故障/维修服从指数/指数分布时的瞬时可用度

系统的极限可用度为

$$A_{\mathrm{av}}[0,\infty) = 50^{-1}\int_0^{50}\left\{\frac{1}{1-0.6050+1}\exp(-0.01\times u) + \left[\frac{1-0.6050}{1-0.6050+1}\right]\times(1-\exp(-0.5\times u))\right\}\mathrm{d}u$$
$$=0.8358 \qquad (4-14)$$

2. 故障/维修时间均服从威布尔/正态分布的可用度模型

当系统故障/维修时间为威布尔/正态分布时，$\overline{F}(t) = \exp(-(t/\eta)^m)$，

$G(t)=\dfrac{1}{\sqrt{2\pi}\sigma}\int_0^t \exp\left[-\dfrac{1}{2}\left(\dfrac{x-u}{\sigma}\right)^2\right]\mathrm{d}x$ 周期性检查装备可用度模型为

$$A(t)=\begin{cases}\exp(-(t/\eta)^m),\text{若 } 0\leqslant t\leqslant\tau\\ A(k\tau)\times\exp(-(t-k\tau/\eta)^m)+[1-A(k\tau)]\times\dfrac{1}{\sqrt{2\pi}\sigma}\\ \displaystyle\int_0^{t-kt}\exp\left(-\frac{1}{2}\left(\frac{x-\mu}{\sigma}\right)^2\right)\mathrm{d}x,\text{若 } k\pi<t\leqslant(k+1)\tau,k=1,2,3,\cdots\end{cases} \tag{4-15}$$

式中：m 为威布尔分布的形状参数；η 为威布尔分布的尺度参数；μ 为正态分布的均值；σ 为正态分布的方差。当 $\eta=0.5$、$m=2$ 两参数威布尔分布；维修函数为标准正态分布（$u=0,\sigma=1$），检查周期 $\tau=10$ 时系统的可用度如图 4－3 所示。

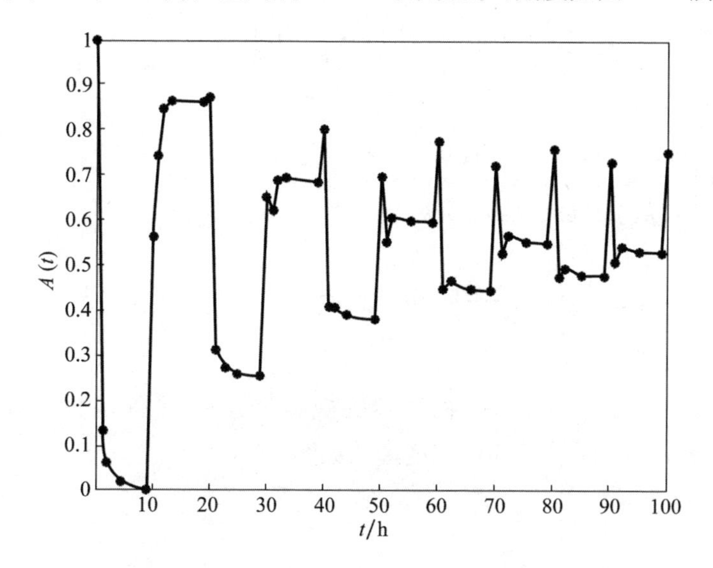

图 4－3　系统故障/维修服从指数/常数分布时的瞬时可用度

系统的极限平均可用度为

$$\begin{aligned}A_{\mathrm{av}}[0,\infty)&=10^{-1}\int_0^{10}\left\{\frac{0.8413}{1-0.1353+0.8413}\exp(-(u/0.5)^2)+\right.\\&\left.\left[\frac{1-0.1353}{1-0.1353+0.8413}\right]\times\Phi(u)\right\}\mathrm{d}u\\&=0.0471\end{aligned} \tag{4-16}$$

根据计算结果可知，对于检查周期 $\tau=10$ 时，系统的极限可用度是比较低的。Sarkar 对于检查周期一定，故障分布函数为指数形式，维修时间为常数的系统极限平均可用度和检查周期进行了分析[26]。研究发现，当系统的故障/维修参数一定时，改变检查周期可以改变系统的极限平均可用度。为了不失一般性，对威布尔/正态系统的检查周期变化时的极限平均可用度进行计算，如表 4－2所列。

表 4－2　不同检查周期时系统的极限平均可用度

τ	1	2	3	4	5
$A_{av}[0,\infty)$	0.4716	0.2302	0.1571	0.1151	0.0684

由表 4－2 可知，对于该系统随着检查周期变长，其极限稳态可用度降低，当 $\tau=1$ 时，系统的极限可用度为 0.4716。

3. 故障/维修时间均服从威布尔/正态分布的可用度模型

当系统故障/维修时间为威布尔和对数正态分布时，令 $\bar{F}(t)=\exp(-(t/\eta)^m)$，$G(t)=\int_0^t \frac{1}{\sqrt{2\pi}\sigma x}\exp\left[-\frac{1}{2}\left(\frac{\ln x-u}{\sigma}\right)^2\right]\mathrm{d}x=\Phi\left(\frac{\ln x-\mu}{\sigma}\right)$，系统的可用度模型为

$$A(t)=\begin{cases}\exp(-(t/\eta)^m)，若 0\leqslant t\leqslant\tau\\ A(k\tau)\times\exp(-(t-k\tau/\eta)^m)+[1-A(k\tau)]\times\int_0^{t-kt}\frac{1}{\sqrt{2\pi}\sigma x}\\ \exp\left(-\frac{1}{2}\left(\frac{\ln x-\mu}{\sigma}\right)^2\right)\mathrm{d}x，若 k\pi<t\leqslant(k+1)\tau\quad k=1,2,3,\cdots\end{cases}\tag{4-17}$$

故障函数为 $\eta=0.5$、$m=2$ 的两参数威布尔分布；维修函数为对数正态分布，检查周期 $\tau=10$ 时系统的可用度函数如图 4－4 所示。

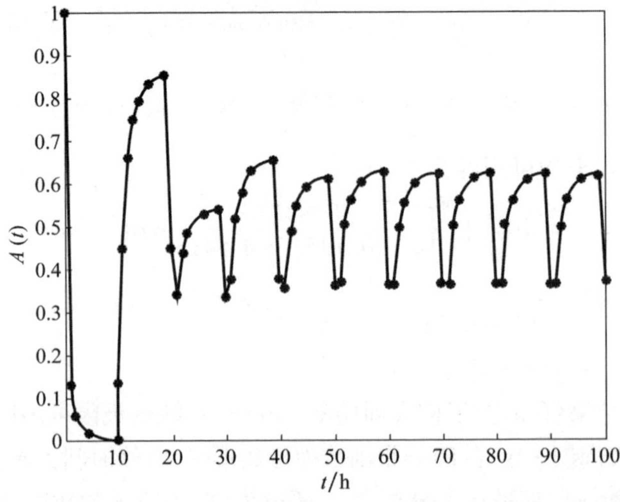

图 4－4　系统故障/维修服从指数/常数分布时的瞬时可用度

此时,系统极限平均可用度为

$$A_{av}[0,\infty) = 10^{-1}\int_0^{10}\left\{\frac{0.5}{1-0.1353+0.5}\exp(-(u/0.5)^2)+\left[\frac{1-0.1353}{1-0.1353+0.5}\right]\times\Phi(\ln u)\right\}du = 0.0248 \tag{4-18}$$

计算发现当 $\tau=10$ 时其极限平均可用度较低。对于该系统不同检查周期,其极限平均可用度变化如表4-3所列,当检查周期变短时,其极限稳态可用度提高。

表4-3　不同检查周期时系统的极限平均可用度

τ	1	2	3	4	5
$A_{av}[0,\infty)$	0.4723	0.2486	0.1494	0.1019	0.0749

4.1.3　系统检查周期与不同分布类型的动态关系分析

4.1.2节计算了系统的瞬时可用度、极限平均可用度,并且分析了威布尔/正态、威布尔/对数正态系统的极限平均可用度和检查周期的关系。本节重点对同种分布形式的系统的分布参数、检查周期和瞬时可用度的关系进行研究。

威布尔分布/对数正态分布是工程中常见的故障/维修分布形式,本节重点以威布尔形式为故障分布形式,以对数正态分布为系统的维修函数。由于产品在使用阶段,其故障分布形式一定,且采取修复如新的维修策略,认为其故障参数也不发生变化,在此基础上对系统和检查周期变化时系统的可用度进行分析。

首先,假设系统故障/维修为威布尔/对数正态分布,且其分布参数为 $\eta=0.5, m=2, u=0, \sigma=1$,那么系统检查周期分别为 $\tau=10$、$\tau=20$ 和 $\tau=40$ 时,系统的瞬时可用度如图4-5所示。

如图4-5所示,当系统区间 $t\in[10,20]$ 时,$\tau=10$ 时系统可用度比较高;当 $t\in(20,40)$ 时,$\tau=20$ 时系统的可用度比较高;当 $t\in(40,80)$ 时,$\tau=40$ 系统的可用度比较高;当 $t\in(80,100)$ 时,$\tau=80$ 时系统的可用度比较高,说明系统在服从同一故障/维修函数时,在不同的寿命阶段采取不同检查的周期,可以提高系统的可用度,并且降低系统的维修保障成本。

接着,研究当系统维修周期和故障参数已知时,如何调整维修参数来提高系统的可用度。对于对数正态分布而言,其分布参数为 σ 和 μ。

当 $\mu=0$、$\mu=0.5$ 和 $\mu=2$ 时,系统的可用度如图4-6所示。

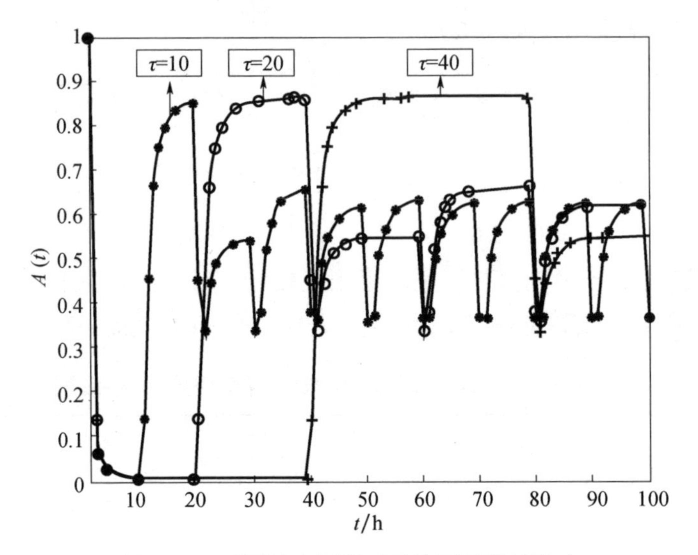

图 4-5　不同检查周期对系统可用度的影响

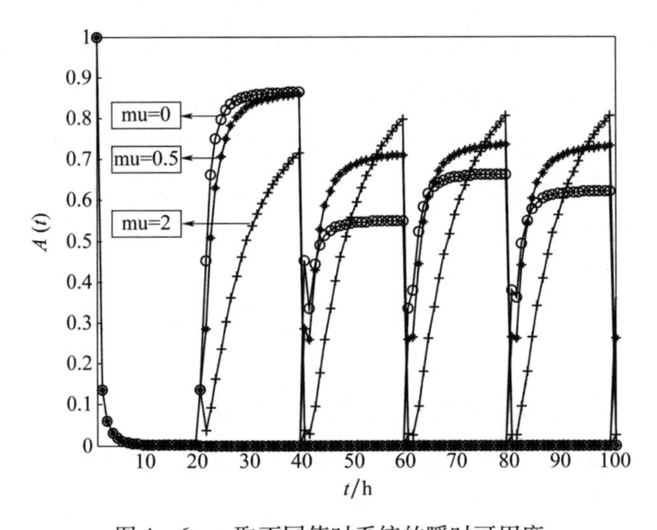

图 4-6　μ 取不同值时系统的瞬时可用度

在图 4-6 中，在 $t\in(20,40)$ 时，$\mu=0$ 的系统可用度最高，但是 $t\in(40,100)$ 时，3 种不同参数维修函数对应的系统可用度相比而言，采取 $\mu=0.5$ 的维修方式比较合理，可以将系统保持在一个较高的可用度水平上。

最后，假定系统检查周期、故障函数已知，当 $\sigma=0.5$、$\sigma=1$、$\sigma=2$ 时，系统的可用度如图 4-7 所示。

如图 4-7 所示，当其他分布参数已知时，$\sigma=0.5$ 时，系统可用度维持在比较高的水平。

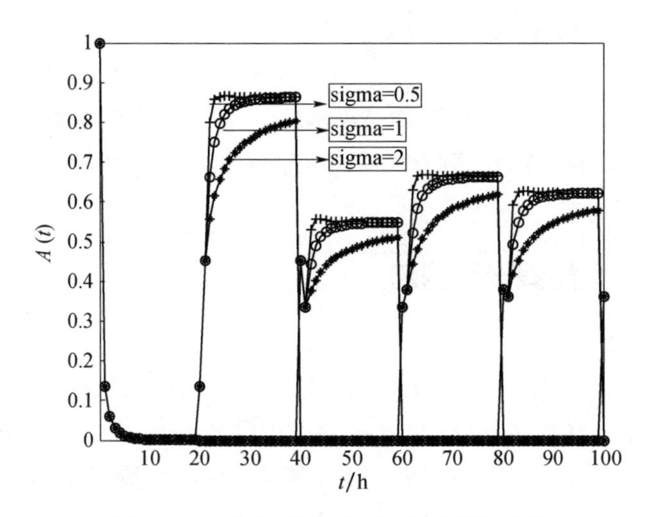

图4-7　σ 取不同值时系统的瞬时可用度

本节研究了具有一般概率分布的定期检查系统可用性模型,并提出了一种计算可用性的递归方法。此外,本节构建了服从指数/指数分布系统、威布尔/正态分布系统、威布尔/对数正态分布系统的系统可用度模型,并分析了检查周期与可用性之间的关系。

(1) 可用度模型可以获得具有一般概率分布的周期性检查系统的瞬时可用度和极限平均可用度。

(2) 当系统寿命和维修时间分布函数以及分布参数恒定时,不同的检查周期会影响系统的瞬时可用性,并限制平均可用性。

为提高系统的可用性并降低系统的维护成本,不同的阶段制定合理的检查周期是合理的。对于短生命周期系统,应根据瞬时可用性确定合理的检查周期。对于长寿命的系统,应该根据有限的平均可用性确定合理的检查周期。

4.2　考虑混合维修策略的系统可用度建模

4.1 节内容构建了采用完全维修策略时故障/维修时间服从一般的可用度模型,实际上由于系统在使用过程中的劣化和维修条件的限制,往往不能达到修复如新的效果,不完全维修或者最小维修则更能反映出真实的维修效能,由此可知4.1 节的可用度模型还存在以下不足。

(1) 瞬时可用度模型并未有同时考虑故障分布时间、修复性维修和预防性维修时间、保障延误时间和延误概率。

(2) 同一系统中往往注重于考虑不同的维修时间分布,采取某种单一的维修策略,如完全维修、不完全维修或最小维修等,没有采用混合维修策略。

基于此,本节主要研究同时采取完全维修和不完全维修时的系统可用度模型。

4.2.1 可用度模型假设及构建

1. 系统假设

系统由多部件组成,其故障模式多样,当系统发生硬故障时系统失效并停止工作,需要进行修复性维修;当系统发生退化失效时,则在不同的预防性维修间隔发现并进行预防性维修,不同故障时间 X_i 和维修时间 Y_i 为独立随机变量。

系统的维修过程如图 4-8 所示。

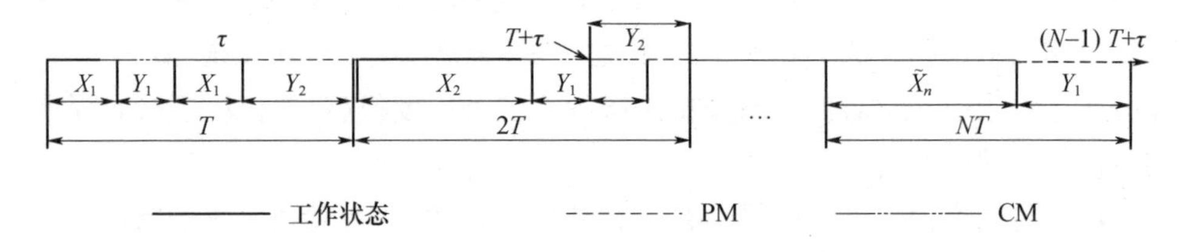

图 4-8　典型系统运行过程

在图 4-8 中,系统的维修行为可分为修复性维修和预防性维修,当系统故障并停机时采取修复性维修,维修策略为完全维修,在预防性维修间隔进行预防性维修,维修策略为不完全维修,维修时间均服从一般分布。

系统的平均维修时间为

$$E(Y_1)=T_c+T_d \tag{4-19}$$

式中:T_c 为修理或者更换时间;T_d 为保障延误时间。

$$T_d=(1+\xi)T_{ds} \tag{4-20}$$

式中:T_{ds}为备件延误时间;ξ 为补充系统,且 $0\leqslant\xi<1$,由其他保障资源延误引起。为了不失一般性,用随机变量表示修复性维修时间函数,具有一般分布 $G_1(y)$,分布密度为 $g_1(y)$,当维修时间为常数时用 v 表示。

预防性维修采取不完全维修策略,预防性维修间隔为 τ,随机变量 Y_2 表示预防性维修持续时间,$G_2(y)$ 为其分布函数,概率密度函数为 $g_2(y)$,当预防性维修时间为常数时,记为 τ'。

2. 模型构建

假设系统由多部件构成且故障模式多样,则系统的可靠性模型可由式(4-21)表示,即

$$R_s(t) = \prod_{i=1}^{M} P(X_i > t) = \prod_{i=1}^{M} R_i(t) = R_1(t)\cdots R_M(t) \tag{4-21}$$

式中:$R_i(t)$为第 i 个部件的可靠度函数;X_i 为其寿命变量;M 为系统可靠性逻辑框图简化后的串联部件数量。

采用役龄回退模型,则在不同预防性维修周期内系统的可靠度为

$$R_k(t) = e^{-\int_0^t \lambda^{(k)}(u)\,du} \tag{4-22}$$

其中,

$$\begin{cases}\lambda^{(1)}(t) = \lambda(t) \\ \lambda^{(2)}(t) = \lambda(t' + T_1 - \alpha_1 T_1) \\ \lambda^{(3)}(t) = \lambda(t' + T_2 - \alpha_2 T_2) \\ \quad\vdots \\ \lambda^{(k)}(t) = \lambda(t' + T_{k-1} - \alpha_{k-1} T_{k-1}) \quad k = 1,2,\cdots,N\end{cases} \tag{4-23}$$

且 $T_k = kT, t' \in (0,\tau)$,$\alpha_i$ 为第 i 次预防性维修后的役龄回退因子,且 $0 < \alpha_i < 1$,$\lambda(t)$为系统故障失效率。

在此基础上分别构建系统的瞬时可用度模型和稳态可用度。

1) 瞬时可用度模型

定理 4-1　考虑混合维修策略的复杂系统瞬时可用度模型为

$$A(t) = \begin{cases} R^{(k+1)}(t) + \overline{M^{k+1}}(t) * R^{(k+1)}(t), kT < t < kT + \tau \\ 0, kT + \tau \leqslant t < (k+1)T, k = 0,1,\cdots,N \\ 1, t = (k+1)T \end{cases} \tag{4-24}$$

证明　为了推导可用度方程,首先引入随机变量

$$X(t) = \begin{cases} 0,\text{系统时刻处于故障状态} \\ 1,\text{系统一直在工作} \end{cases} \tag{4-25}$$

根据可用度的基本定义可知

$$A(t) = P(X(t) = 1) \tag{4-26}$$

当 $0 < t < \tau$,系统在 t 时刻可用,由全概率公式可得

$$\begin{aligned} A(t) &= P(X(t) = 1) \\ &= P\{X > t, X(t) = 1 \mid X(0) = 1\} + P\{X \leqslant t < X + Y, X(t) = 1 \mid X(0) = 1\} + \\ &\quad P\{X + Y \leqslant t, X(t) = 1 \mid X(0) = 1\} \end{aligned} \tag{4-27}$$

假设系统在初始时刻完好，即 $P\{X(0)=1\}=1$，则式(4-27)的右部分为 $P\{X>t\}=R(t)$，第二项为0。又因维修时间和故障时间相互独立，采用卷积公式，可得

$$P(X+Y<t,X(t)=1)=\int_0^t A(t-u)\mathrm{d}Q(u)=Q(t)*A(t) \tag{4-28}$$

式中：$Q(t)=P\{X+Y\leqslant t\}$，所以 $A(t)$ 方程中的第一部分满足更新过程，即

$$A(t)=\begin{cases}R(t)+Q(t)*A(t), & 0<t<\tau\\ 0, & \tau\leqslant t<T\\ 1, & t=T\end{cases} \tag{4-29}$$

进一步地，当 $kT<t<kT+\tau$ 时采用全概率公式可得系统可用度 $A(t)$ 为

$$\begin{aligned}A(t)&=P(X(t)=1)\\&=P\{X_{k+1}>t,X(t)=1\mid X(kT)=1\}+P\{X_{k+1}+Y\leqslant t,X(t)=1\mid X(kT)=1\}\end{aligned} \tag{4-30}$$

根据假设可知，系统在每次预防性维修结束时，系统完好可用，即 $A(kT)\equiv 1$，且软故障只在预防性维修周期间隔内发现，则

$$P(Z=X_{k+1}+Y<t-kT)=\int_0^t\left(\int_{-\infty}^{+\infty}f(x,z-x)\mathrm{d}x\right)\mathrm{d}z=F^{(k)}(t)*G(t) \tag{4-31}$$

因此，可得系统的瞬时可用度为

$$A(t)=R_{(k+1)}(t)+\overline{M}^{k+1}(t)*R(t) \tag{4-32}$$

式中：$\overline{M^{(k)}}(t)=\sum\limits_{i=1}^{k}F^{(k)}(t)*G(t)$ 为更新概率密度函数。

归纳以上可得

$$A(t)=\begin{cases}R^{(k+1)}(t)+\overline{M^{k+1}}(t)*R^{(k+1)}(t), & kT<t<kT+\tau\\ 0, & kT+\tau\leqslant t<(k+1)T \quad k=1,2,\cdots,N\\ 1, & t=(k+1)T\end{cases} \tag{4-33}$$

证毕。

2）稳态可用度

假设 X 为系统寿命变量

$$\widetilde{X}=\begin{cases}X, 当 X\leqslant\tau 时\\ \tau, 当 X>\tau 时\end{cases} \tag{4-34}$$

且

$$\tilde{Y}=\begin{cases}Y_1,\text{当 } X\leqslant\tau \text{ 时}\\ Y_2,\text{当 } X>\tau \text{ 时}\end{cases} \tag{4-35}$$

当系统在初始时刻完好时,系统的瞬时可用度为

$$A(t)=P\{\tilde{X}>t\}+P\{\tilde{X}+\tilde{Y}\leqslant t\}*A(t) \tag{4-36}$$

采用拉普拉斯变化可得

$$A(s)=\frac{\int_0^{\infty}\mathrm{e}^{-st}P\{\tilde{X}>t\}\mathrm{d}t}{1-\int_0^{\infty}\mathrm{e}^{-st}P\{\tilde{X}+\tilde{Y}\leqslant t\}\mathrm{d}t} \tag{4-37}$$

因为

$$P\{\tilde{X}>t\}=\begin{cases}P\{X>t\},\text{当 } t\leqslant\tau \text{ 时}\\ 0,\text{当 } t>\tau \text{ 时}\end{cases} \tag{4-38}$$

所以

$$\int_0^{\infty}\mathrm{e}^{-st}P\{\tilde{X}>t\}\mathrm{d}t=\int_0^{T}\mathrm{e}^{-st}\overline{F}(t)\mathrm{d}t \tag{4-39}$$

$$\begin{aligned}\int_0^{\infty}\mathrm{e}^{-st}P\{\tilde{X}+\tilde{Y}\leqslant t\}&=E\{\mathrm{e}^{-s(\tilde{X}+\tilde{Y})}\}\\
&=\int_0^{\infty}E\{\mathrm{e}^{-s(\tilde{X}+\tilde{Y})}\mid X=t\}\mathrm{d}P\{X\leqslant t\}\\
&=\int_0^{T}E\{\mathrm{e}^{-s(t+Y_1)}\}\mathrm{d}F(t)+\int_T^{\infty}E\{\mathrm{e}^{-s(\tau+Y_2)}\}\mathrm{d}F(t)\\
&=E\{\mathrm{e}^{-sY_1}\}\int_0^{T}\mathrm{e}^{-st}\mathrm{d}F(t)+E\{\mathrm{e}^{-sY_2}\}\mathrm{e}^{-s\tau}\mathrm{d}F(t)\\
&=\hat{G}_1(s)\int_0^{T}\mathrm{e}^{-st}\mathrm{d}F(t)+\hat{G}_2(s)\mathrm{e}^{-s\tau}\mathrm{d}F(t)\end{aligned} \tag{4-40}$$

式中:$\hat{G}_1(s)$和$\hat{G}_2(s)$分别为$G_1(t)$的$G_2(t)$拉普拉斯变化,即

$$A^*(s)=\frac{\int_0^{T}\mathrm{e}^{-st}\overline{F}(t)\mathrm{d}t}{1-\hat{G}_1(s)\int_0^{T}\mathrm{e}^{-st}\mathrm{d}F(t)-\hat{G}_2(s)\mathrm{e}^{-s\tau}\overline{F}(\tau)} \tag{4-41}$$

式中:$F(t)$、$G_1(t)$和$G_2(t)$为格点分布;$P\{\tilde{X}+\tilde{Y}\leqslant t\}$也为格点分布。根据洛必达法则和托贝尔定理,可得

$$\begin{aligned}A&=\lim_{t\to\infty}A(t)=\lim_{t\to\infty}\frac{1}{t}\int_0^{t}A(u)\mathrm{d}u=\lim_{s\to0}sA^*(s)\\
&=\frac{\int_0^{\infty}\overline{F}(t)\mathrm{d}t}{\int_0^{\infty}\overline{F}(t)\mathrm{d}t+E(Y_1)F(\infty)+E(Y_2)R(\infty)}\end{aligned} \tag{4-42}$$

因此,系统的稳态可用度为

$$A = \frac{\sum_{k=0}^{N} \int_{kT}^{kT+\tau} R^{(k)}(t)\,\mathrm{d}t}{\sum_{i=1}^{N} \left[\int_{0}^{\tau} \overline{F}^{(i)}(t)\,\mathrm{d}t + E(Y_1)F^{(i)}(\tau) + E(Y_2)R^{(i)}(\tau) \right]} \tag{4-43}$$

3) 系统维修成本函数

假设 C^{f} 和 C^{p} 分别为 PM 和 CM 的维修成本,C^{d} 为系统停机的单元时间成本,因此假定运行周期内的期望单元损失成本 $C(T)$,有

$$C(T) = \lim_{t\to\infty} \frac{E(C)}{E(T)} \tag{4-44}$$

式中:$E(C)$为系统运行的总预期成本,包括预防性和维修性成本以及停机时的损失成本;$E(T)$为期望运行成本。

$$E(C) = C^{\mathrm{p}} + C^{\mathrm{f}}\Lambda(\tau) + C^{\mathrm{d}}(\tau - E(X) + E(Y_2)) \tag{4-45}$$

式中:$\Lambda(\tau) = \int_0^{\tau} \lambda(t)\,\mathrm{d}t$ 为不用间隔内期望故障次数,且

$$E(T) = \int_0^{\tau} R(t)\,\mathrm{d}t \tag{4-46}$$

因此,系统的期望单元时间损失率为

$$C(T) = \frac{C^{\mathrm{f}} + C^{\mathrm{p}}\Lambda(\tau) + C^{\mathrm{d}}\left(\tau - \int_0^{\tau} R(t)\,\mathrm{d}t + E(Y_2)\right)}{\int_0^{\tau} R(t)\,\mathrm{d}t} \tag{4-47}$$

其中,如果 C^{f}、C^{p}、$\lambda(t)$ 和 $G(y)$ 确定,则可知 τ 内的期望单元损失率。

4.2.2 算例分析

直升机的振动信号包含丰富的设备状态信息,其变化特征可以反映设备的异常状态。因此,振动信号分析对于飞机设备的状态监测和故障诊断非常重要,并且是与飞行安全有关的重要因素。某型直升机振动监测系统如图 4-9 所示。

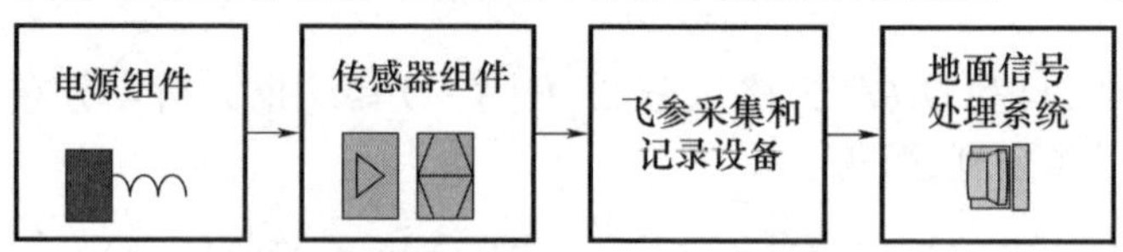

图 4-9 某型直升机振动监测系统

图 4-9 中,系统由 4 个主要组件组成,分别是电源组件、传感器组件、集成采集记录器和地面设备。直升飞机上安装了电源组件、传感器组件和集成的采集记录器,每次数据收集完成后,地面人员都会将收集到的数据复制到地面设备

上。因此,在飞行过程中,只有电源组件、传感器组件和集成的采集记录器才能实际工作。通常情况下,电源由直升飞机发动机提供动力,因此此处将不对电源组件进行单独分析。传感器组件安装在发动机舱内,工作环境恶劣,当这些系统出现故障时,系统将停止工作,其故障分配功能为 CM 分配功能;安装在驾驶舱中的集成采集记录仪,其故障不会导致系统停机,其故障分布为

$$F_2 = 1 - e^{-2t}, \text{且 } \tau' = 2 \text{ 和 } T = \tau + \tau' = 12 \tag{4-48}$$

1. 考虑混合维修策略的系统可用度建模

根据可靠性综合结果,可得系统的可靠度为

$$R(t) = R_1(t)R_2(t) = e^{-3t}(t+1) \tag{4-49}$$

则系统的固有失效率为 $\lambda(t) = (3t+2)/(t+1)$。采用动态役龄回退因子 $\alpha_i = 2i/(2i+1)$,则系统在 $(k-1)^{th}$PM 后的故障率为

$$\lambda^{(k)}(t) = \frac{3\left(t' + \dfrac{(k-1)}{2k-1}T\right) + 2}{t' + \dfrac{(k-1)}{2k-1}T + 1} \tag{4-50}$$

令 $b_k = \dfrac{(k-1)}{2k-1}T$,将式(4-40) 代入式(4-22),可得

$$R^{(k)}(t) = e^{-3(t+b_k)}(t + b_k + 1) \tag{4-51}$$

由此可得系统的瞬时可用度如图 4-10 所示。

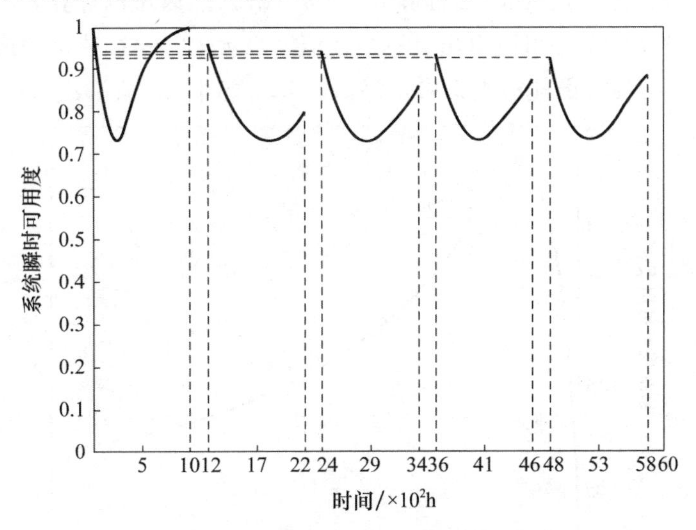

图 4-10　周期性检查的系统瞬时可用度

图 4-10 表示在每个间隔中,在每个 PM 时间之间 $A(t)=0$,由于可以执行 CR,因此 $A(t)$ 在每个间隔中首先减小然后增大。PM 间隔不同,但 $A(t)$ 均高于 0.7。由于

系统是性能下降的系统,因此系统的瞬时可用性按周期顺序逐渐降低。可以在连接图 4-10 的纵坐标的黑色虚线中看到此规则,这也可以反映在表 4-4 中。

由于在运行阶段系统的瞬时可用性可能会发生波动,说明所建模型是正确的,符合工程实践。

使用式(4-51),在此计算了前 5 个周期的系统稳态可用性,如表 4-4 所列。

表 4-4 系统稳态在不同维修间隔内的可用度

预防性维修间隔	1	2	3	4	5
$E(X)$	3.9995	7.9365	7.7253	7.4648	7.3297
平均可用度	0.7574				

从表 4-4 中可以看到,平均可用性为 0.7574,第一个 PM 间隔中的稳态可用性较低,并且平均可用性也在波动。

2. 基于维修周期的最大可用度计算

最佳 PM 策略的确定涉及许多不确定性,如可靠性、可用性和系统运行/维护成本。频繁的 PM 活动通常会导致高昂的维修成本和较差的系统可用性,而不足的 PM 活动可能无法满足系统质量的要求,因此提出的模型可用于获得最佳检查间隔,从而最大化系统稳态可用性。

我们认为稳态可用性是检查间隔的函数 $A(\tau)$,然后可以计算表示 τ 的稳态可用性。从图 4-11 中可以看出具有最佳值。当 $\tau=2.2$ 时,获得的最大稳态可用性为 36%。因此,最佳检查策略是每 2.2 个单位时间检查一次系统。

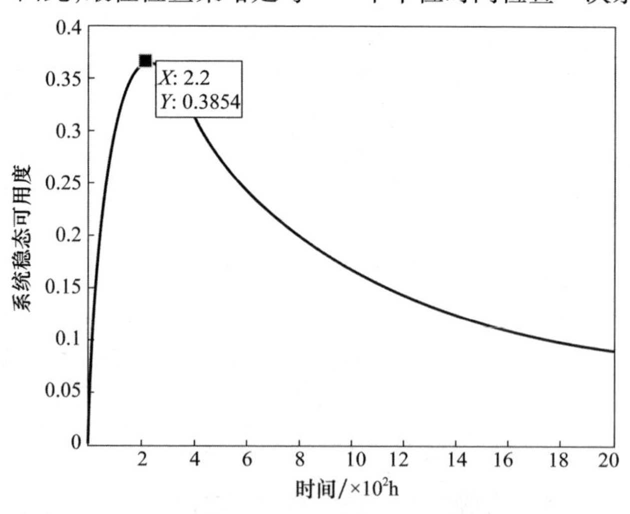

图 4-11 系统稳态可用度随检查周期的变化

为了验证模型的正确性，分析了系统的瞬时可用性和可靠性，如图4－12所示。在2个单位时间内，系统可靠度接近于0，维修行为的可用度约为0.72。系统的最小瞬时可用度在2单位时间发生，而最佳稳态可用度PM时间也在2单位时间。但是，在上述研究过程中未考虑系统成本。

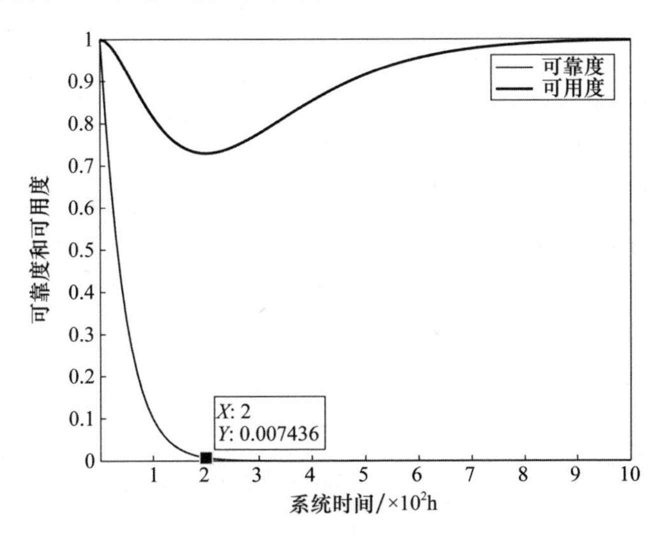

图4－12　系统瞬时可用度和可靠度

3. 系统稳态可用性和成本函数分析

显然，频繁进行预防性维修会缩短 τ 值这可以减少故障次数并增加维修成本。另外，如果将其设置为较高的值，则检查成本将降低，故障率将增加，CR成本也会增加。因此，应该选择一个最佳间隔来权衡检查费用和系统停机造成的成本。

当 $\tau'=2$、$C^{f}=3$、$C^{p}=2$、$C^{d}=0.2$，将 $F(t)$ 和 $G(y)$ 分别代入下式，可得系统单元时间成本损失率，即

$$C(T)=\lim_{t\to\tau}\frac{2+3\Lambda(\tau)+C^{d}\left(\tau-\int_{0}^{\tau}R(t)\,\mathrm{d}t+\tau'\right)}{\int_{0}^{\tau}R(t)\,\mathrm{d}t}\tag{4-52}$$

假设 τ 从1增加到10，步长为0.1，系统单位时间损失成本如图4－13所示。

从图4－13中可以看出，系统可以在 $\tau=1$ 处获得最小值。由于在式(4－43)中，当 $\lambda(t)$ 单调增加时 $C^{f}>C^{p}$，系统具有最优解。

为了更好地分析可用性、系统单位时间损失成本和PM维修间隔之间的关

系。可以变换式(4－43)为

$$A = \frac{\int_0^{\tau} R(t)\,\mathrm{d}t}{\int_0^{\tau} R(t)\,\mathrm{d}t + E(Y_1)\Lambda(\tau) + E(Y_2)} \tag{4-53}$$

则

$$\int_0^{\tau} R(t)\,\mathrm{d}t = A \cdot \left\{ \int_0^{\tau} R(t)\,\mathrm{d}t + E(Y_1)\Lambda(\tau) + E(Y_2) \right\} \tag{4-54}$$

将式(4－54)代入方程式(4－57),得

$$C(T) = \frac{C^{\mathrm{f}} + C^{\mathrm{p}}\Lambda(\tau) + C^{\mathrm{d}}\left(\tau - \int_0^{\tau} R(t)\,\mathrm{d}t + E(Y_2)\right)}{A\left\{ \int_0^{\tau} R(t)\,\mathrm{d}t + E(Y_1)\Lambda(\tau) + E(Y_2) \right\}} \tag{4-55}$$

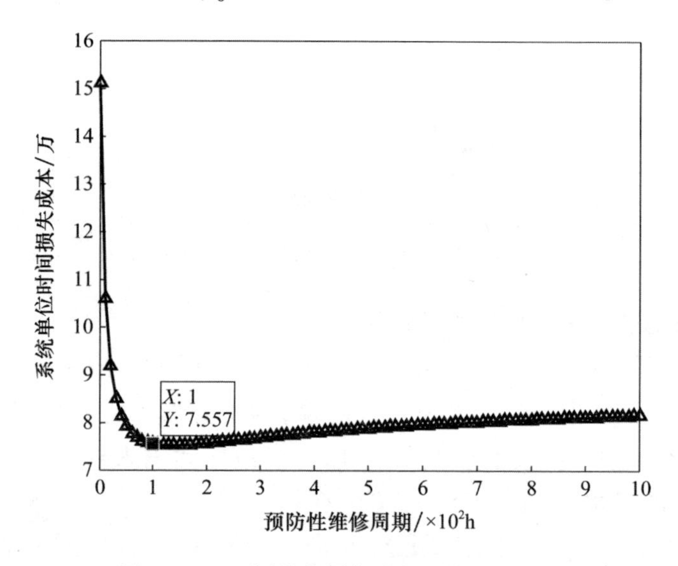

图4－13　不同维修周期内的平均运行成本

从式(4－55)可以看出,可将系统单位时间损失成本(图4－14)看作可用度、PM间隔、平均PM时间、平均CM时间、PM成本、CM成本、系统停机时间和可靠度的函数。在此仅将系统单位的时间损失成本和预防性维护间隔作为变量,其余参数为固定值,$\tau'=2$、$C^{\mathrm{f}}=3$、$C^{\mathrm{p}}=2$、$C^{\mathrm{d}}=0.2$和$E(Y_1)=3$。然后绘制系统单位时间损失成本与稳定可用性和PM间隔的关系图,稳态可用度区间设置为0～1,步长为0.1,将PM间隔置为0～10,步长为1。

为了更清楚地描述计算结果,列举对应于不同变量的函数值,如表4－5所列。最小单位时间损失成本为1.20,系统稳定可用性为1,PM间隔为1。

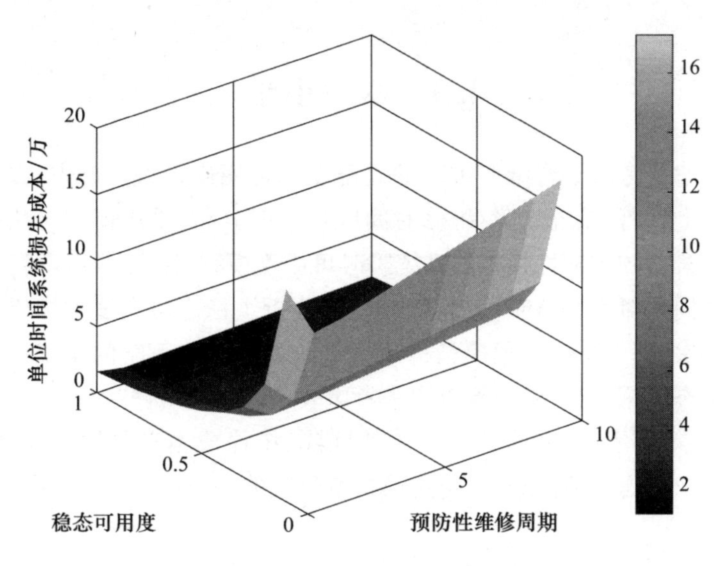

图4－14　单位时间系统损失成本

表4－5　系统单位时间损失成本

$A(\tau)$	0	1	2	3	4	5	6	7	8	9	10
0	inf	inf	inf	inf	inf	inf	inf	inf	inf	inf	inf
0.1	16	12.05	12.44	13.031	13.638	14.242	14.848	15.454	16.06	16.666	17.272
0.2	8	6.02	6.22	6.515	6.818	7.121	7.424	7.728	8.03	8.333	8.6366
0.3	5.33	4.01	4.14	4.34	4.545	4.747	4.949	5.151	5.353	5.555	5.7578
0.4	4	3.01	3.11	3.257	3.409	3.56	3.712	3.863	4.015	4.1667	4.3188
0.5	3.2	2.4	2.488	2.606	2.727	2.848	2.969	3.095	3.212	3.333	3.454
0.6	2.66	2.00	2.079	2.171	2.272	2.373	2.474	2.575	2.676	2.778	2.8789
0.7	2.28	1.72	1.77	1.861	1.948	2.034	2.121	2.207	2.294	2.38	2.468
0.8	2	1.50	1.555	1.628	1.704	1.78	1.856	1.931	2.007	2.083	2.1599
0.9	1.77	1.33	1.38	1.447	1.515	1.582	1.649	1.717	1.78	1.85	1.9199
1	1.6	1.20	1.244	1.303	1.36	1.424	1.484	1.545	1.606	1.666	1.7277

通过以上分析可以看到，通过式（4－55）可以获得稳态可用度、最佳的PM维修间隔以及系统的$C(T)$。此外，该研究可为参数设计和系统可靠性、维修性和保障性的优化提供基础，这将是未来研究的重点。

4.3 本章小结

本章构建了考虑混合维修策略的复杂系统可用度模型。首先,在上述章节的研究基础上,假设系统故障/维修时间服从一般分布,采用递归算法构建了基于完全维修策略的周期性检查的系统瞬时可用度模型、稳态可用度模型,并初步探讨了维修周期对系统瞬时可用度的影响,分析了稳态可用度和维修周期的动态关系。其次,基于随机过程模型构建了采取混合维修策略的系统可用度瞬时可用度和稳态可用度模型,建模过程中考虑装备修复性维修时间、预防性维修时间、等待时间等因素,并初步讨论了维修间隔、维修成本和可用度的动态关系。但是本章并未考虑环境因子,这将是第5章研究的重点。

第5章　考虑环境因子的复杂系统可用度建模

环境因子是可靠性工程中一个非常重要的参数，它表征的是相同产品在不同量级的环境中失效的快慢程度，反映了环境的严酷等级。环境因子首先出现于不同环境下可靠性信息的折算与综合研究中，是可靠性评估中的一个重要参数，也一直是可靠性工程研究中的重要课题。钱学森提出的天地折合问题，实际上已包含了环境因子问题。可靠性数据折算问题是指对于不同环境下的同分布的试验数据，通过一定的数据折算方法，将一种环境下的数据折算至另一种环境，进而扩充其样本容量的一种统计学方法[85-86]。航空装备具有高可靠、长寿命的特点，在其研制生产阶段的可靠性试验和鉴定程序只能完成特定条件下的产品性能或者状态考核，特定条件下主要是指特殊环境下的特定应力条件、有限样本容量等约束。因此，装备的故障率会随着服役环境和区域变化，这种变化具有周期性和随机性，周期性主要是指随着季节交替和昼夜交替而产生的温度、湿度、光照等自然环境变化，随机环境主要指任务剖面中面临的不确定性环境变化。

基于上述两方面的原因，需要开展装备的环境因子研究，一是通过分析不同环境剖面下的环境折算因子，从而增加样本容量，更加精确地拟合样本寿命分布模型；二是分析不同环境下的产品失效率，从而准确分析装备在不同环境的可靠性水平和故障行为，最终为构建不同服役环境下的装备可用度模型奠定基础。

5.1　环境因子折算基本模型

环境因子的研究基础和折算原则来源于 Nelson 假设的研究，虽然环境试验比加速寿命试验更复杂，Nelson 假设基于加速寿命试验而非环境试验，但加速寿命试验与环境试验的核心思想相同，因此可将 Nelson 假设用于环境因子的理论中。

Nelson 假设产品的剩余寿命只与当前的环境和累积的失效有关，与失效的过程无关；在不同环境条件下，设备的试验寿命数据分布类型相同，不同环境下设备的失效机理不变;线性累积损伤条件下的寿命分布有同族性,这三大假设构成了环境因子研究的理论基础和前提。

1965 年,钱学森教授提出天地折合问题,即产品的飞行数据与地面数据信息间的折合问题,由此开始了环境因子的研究。环境因子可认为是一种以扩大试验样本为目的的折算因子,在可靠性分析中主要用于不同环境下数据样本的折算与综合。环境因子作为一种折算因子具有非随机性和唯一性,环境因子不是寿命的函数而是寿命分布类型所含参数的函数[87-88]。

在工程领域,主要采用设备的可靠性数据,具体包括故障数据、寿命类型等,利用这些数据对设备的运行性能进行客观评测,而正常情况下,主要通过故障率、MTBF 等相关指标对设备的可靠性程度进行综合评判。因此,目前主要从基于寿命和失效两个方面定义环境折算因子,其定义分别如下。

(1) 基于可靠寿命的环境折算因子,有

$$\pi_{ij} = \frac{t_{R,j}}{t_{R,i}} \tag{5-1}$$

式中:$t_{R,i}$和 $t_{R,j}$为在应力 S_i 和 S_j 下的产品可靠性寿命。

(2) 基于累积失效概率,有

$$\pi_{ij} = \frac{t_{ij}}{t_i} \tag{5-2}$$

式中:$F_i(t_i)$和 $F_j(t_{ij})$为在应力 S_i 和 S_j 下的累积失效率,且 $F_i(t_i) = F_j(t_{ij})$。

多年来,随着加速试验技术和理论的不断发展,周源泉等[85-86]对不同分布类型的环境折算因子进行了定义和研究,王浩伟等[89-90]对加速失效机理一致性检验进行了深入分析,典型分布的环境因子折算可如表 5-1 所列。

表 5-1 几种典型分布的折算模型

分布名称	分布函数模型/概率密度函数	折算因子
指数分布	$F(t) = 1 - \exp(-\lambda t)$	$\pi_{ij} = \lambda_j/\lambda_i$
对数正态	$F(t) = \Phi\left(\frac{\ln t - \mu}{\sigma}\right)$	$\pi_{ij} = \exp(\mu_j - \mu_i)$
威布尔	$F(t) = 1 - \exp^{-(t/\eta)^m}$	$\pi_{ij} = \eta_j/\eta_i$
伽马	$f(t) = \frac{\lambda^\alpha t^{\alpha-1}}{\Gamma(\alpha)}\exp(-\lambda t), (t>0)$	$\pi_{ij} = \lambda_i/\lambda_j$
成败性		$\pi_{ij} = p_j/p_i$

赵仙童[92]和魏郁昆[91]等对传统的环境因子算法进行了改进,在传统比值

计算的基础上,设计了几何平均折算方法和基于聚类方法的几何均值折算法,解决了通过复杂环境下的样本点与简单环境下的样本点的两两配对问题,其研究对象包括对数正态、正态、伽马及指数分布等。该方法的基本思路可表述如下。

(1) 计算不同环境下的样本均值,有

$$\begin{cases}\overline{X} = \dfrac{1}{n}\sum\limits_{i=1}^{n} x_i \\ \overline{Y} = \dfrac{1}{n}\sum\limits_{j=1}^{m} y_j\end{cases} \tag{5-3}$$

(2) 找到接近中值的样本,即

$$\begin{cases}|x_{(r)} - \overline{X}| = \min_{1\leqslant i\leqslant n}|x_{(i)} - \overline{X}| \\ |y_{(s)} - \overline{Y}| = \min_{1\leqslant j\leqslant n}|y_{(j)} - \overline{Y}|\end{cases} \tag{5-4}$$

(3) 进行聚类折算,有

$$K' = \sqrt[m]{\frac{x_1^*}{y_1} \times \frac{x_2^*}{y_2} \times \cdots \times \frac{x_m^*}{y_m}} \tag{5-5}$$

式中:$x_i, i = 1,2,\cdots,n, y_j, j = 1,2,\cdots,m, n > m$。

上述折算的基本方法都是根据样本进行统计推断,但是试验或者使用过程中则需要更多地考虑环境应力和装备寿命或者失效过程的物理关系,因此工程中需对温度、湿度、盐雾、酸性气体等多种环境应力的加速模型进行研究,比较常见的有以下 3 种模型。

阿伦尼斯模型,即

$$\beta = A \cdot \exp\left[\frac{-E_0}{R(S + 273.15)}\right] \tag{5-6}$$

逆幂律模型,即

$$\beta_1 = AS^{-B} \tag{5-7}$$

式中:E_0 为激活能;S 为应力;R 为气体常数;A 和 B 为待估参数。

广义艾琳模型,即

$$L(S,T) = CS^{-m}e^{\frac{B}{T}} \tag{5-8}$$

式中:S 为非热应力,如电压、振动等;T 为温度应力(开尔文)温度;B、C、m 为待定的模型参数。

在实际服役过程中,装备所承受的环境应力多为温度、湿度、电、盐雾等多种环境应力的综合或者交替,所以上述的单一模型难以精确满足不同环境因子折算的要求。在工程中需对不同装备或者产品的敏感应力进行筛选,根据不同的任务剖面对环境应力进行组合,从而拟定装备在寿命周期内的环境谱,对其寿命进行预测和评估。目前陈跃良[93-94]等对飞机金属材料体系、复合材料体系的环境普编制进行了大量研究,构建了不同典型环境下金属加速腐蚀试验的环境因子折算模型。

在此基础上,针对舰载机驻舰环境具有高温、高盐、高湿和富含二氧化硫等酸性尾气的特征,通过构建相对湿度环境因子模型、温度环境因子模型、酸性气体环境因子模型,具体构建过程如下。

① 构建湿度环境因子模型,计算相对湿度的加速因子 AF(RH)。

② 构建温度环境因子模型,计算温度的加速因子 AF(T)。

③ 构建酸性气体环境因子模型,计算酸性气体的加速因子 AF(S)。

④ 基于 3 种环境因子构建综合环境因子模型,其中,综合环境因子模型 AF(RH,T,S)的计算公式为

$$\mathrm{AF}(\mathrm{RH},T,S)=\mathrm{AF}(\mathrm{RH})\cdot\mathrm{AF}(T)\cdot\mathrm{AF}(S) \tag{5-9}$$

⑤ 确定系统备件在参考环境剖面下或基准环境剖面下的故障率,构建系统备件在不同环境剖面下的故障率模型,其中,不同环境剖面下备件故障率的计算公式为

$$\lambda_{j,k,i}(t)=\mathrm{AF}(\mathrm{RH},T,S)\lambda_{j,k,0}(t) \tag{5-10}$$

式中:$\lambda_{j,k,0}(t)$为第 j 个系统第 k 种备件在参考环境剖面或者基准环境剖面下的故障率;$\lambda_{j,k,i}(t)$为第 j 个系统第 k 种备件在第 i 种环境剖面下的故障率。

⑥ 在工程中只需采集系统在任务环境剖面下的环境数据及任务持续时间,其中环境数据包括剖面 i 的温度 T_i、剖面 i 的相对湿度 RH_i、剖面 i 的二氧化硫浓度 SO_{4i}^{2-} 及任务持续时间 T_{si},代入式(5-10)即可。

相对湿度的加速因子 AF(RH)的计算公式为

$$\mathrm{AF}(\mathrm{RH})=\left(\frac{\mathrm{RH}}{\mathrm{RH}_0}\right)^A \tag{5-11}$$

式中:AF(RH)为相对湿度的加速因子;RH_0 为参考相对湿度值;RH 为任务环境相对湿度值;A 为常数。

温度的加速因子 AF(T)的计算公式为

$$\mathrm{AF}(T)=\mathrm{e}^{B(1/T_0-1/T)} \tag{5-12}$$

式中:AF(T)为温度的加速因子;T_0 为参考温度,T 为任务环境温度;B 为常数 $B=E_a/K$,E_a 为产品的激活能,K 为产品玻尔兹曼常数。

酸性气体的加速因子 AF(S)的计算式为

$$\mathrm{AF}(S)=\left(\frac{1+D\cdot S}{1+D\cdot S_0}\right)^E \tag{5-13}$$

式中：AF(S)为酸性气体的加速因子；$r(S)$为腐蚀速率，$r(S)=(1+D\cdot S)^E$；S为环境SO_4^{2-}的浓度(μg/m^3)；S_0为基准环境剖面的SO_4^{2-}浓度；E和D为常数。

5.2 考虑混合维修策略和环境因子的系统可用度建模

极限可用度一直是工程应用中最为广泛的指标，成为预防性维修周期优化、成本效能权衡的目标或者约束条件，但在工程实践中，系统都是有寿命的，而且极限可用度往往不能真实反映系统在某一阶段的可用性，因为系统瞬时可用度是存在波动的。区间可用度具备稳态特性，能为系统优化设计提供依据，也可以反映出系统在某一阶段的可用性，具备系统波动特性，可以较为真实地反映出系统在不同使用环境和寿命阶段的可用特性，因此本节重点研究包含环境因子的考虑混合维修策略系统区间可用度建模。

5.2.1 系统假设和可用度建模

假设多部件系统包含软、硬两种故障。硬故障直接导致系统停机，需进行修复性维修，修复性维修时间用随机变量Y_2表示，有一定的概率p引起延误，延误时间Z与Y_2相互独立。预防性维修时间用随机变量Y_1表示，且Y_1、Y_2与Z相互独立，预防性维修在固定时间$t=kT(k=1,2,\cdots,N,N=\max T_s/(T+E(Y_1))$执行，其中$T$为预防性维修间隔，$T_s$为给定的目标区间，既可以为系统某个特定的使用阶段，也可以为全部的寿命阶段，可以根据用户需求设定，也可以根据系统可用度波动特性设定。书中假设修复性维修采取最小维修策略，预防性维修采取不完全维修，则系统在一个预防性维修周期内的状态转化过程如图5-1所示。

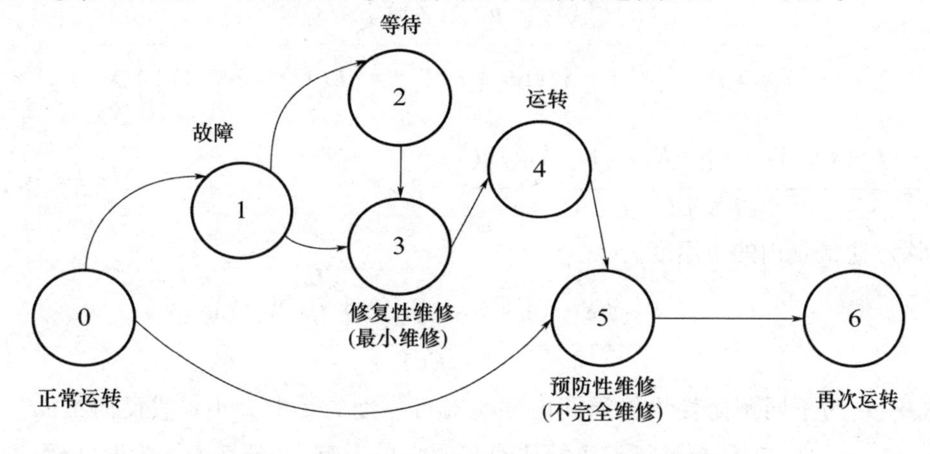

图5-1　系统在一个预防性维修周期内状态转化

在图5-1中,0代表初始时刻系统正常运转;1代表发生硬故障系统停机;2代表系统等待维修;3代表系统修复性维修;4代表修复性维修完成后尚未到达预防性维修的时刻系统继续正常运行;5代表系统进行预防性维修;6为继续运转。0~1之间的转化概率的稳态值为p_{01},为系统在预防性维修间隔之间发生硬故障的概率;0~5之间转化的稳态值为p_{05},表示系统不发生硬故障的概率;1~2之间的概率为p_{12},表示有可能发生延误的概率;1~3之间转化的概率为p_{13},表示立即进行维修;2~6之间转化的概率为p_{26},表示系统进行预防性维修后系统继续运行;4~5之间的转换概率为p_{45},表示系统完成修复性维修继续运转直至预防性维修。

在系统进入状态6之后,在给定的使用区间内将继续上述行为,但由于维修行为和使用环境可能引起系统固有失效率变化,因此状态6时刻的系统可靠性不同于状态0时刻的状态。假设在系统运行过程中修复性维修为最小维修,使系统修复后达到故障之前的状态,预防性维修为不完全维修。在马尔可夫系统中,状态6和0为同一状态,为系统的更新点,但是有不完全维修行为的存在,系统并不能修复如新,所以不满足马尔可夫过程和更新过程。

系统在第一个预防性维修周期内可用的时间为

$$E(U) = T - (E(Y_2) + p \cdot E(Z)) \int_0^T \lambda(t)\mathrm{d}t \tag{5-14}$$

系统不可用的时间为

$$E(D) = E(Y_1) + [E(Y_2) + pE(Z)] \int_0^T \lambda(t)\mathrm{d}t \tag{5-15}$$

则系统在第一个预防性维修周期内的可用度为

$$A = \frac{T - (E(Y_2) + p \cdot E(Z)) \int_0^T \lambda(t)\mathrm{d}t}{T - (E(Y_2) + p \cdot E(Z)) \int_0^T \lambda(t)\mathrm{d}t + E(Y_1) + [E(Y_2) + pE(Z)] \int_0^T \lambda(t)\mathrm{d}t}$$

$$= \frac{T - (E(Y_2) + p \cdot E(Z)) \int_0^T \lambda(t)\mathrm{d}t}{T + E(Y_1)} \tag{5-16}$$

则第i个周期内的可用度为

$$A^{(i)} = \frac{T - (E(Y_2) + p \cdot E(Z)) \int_0^T I_i \lambda^{(i)}(t)\mathrm{d}t}{T + E(Y_1)} \tag{5-17}$$

式中:I_i为不同预防性维修周期内环境对可靠度的影响大小。假设向量$\boldsymbol{m} = \{x_1, x_2, \cdots, x_n\}$为运行环境对系统固有可靠性的影响,$x_i$分别表示为温度、湿度等不同的环境因子且 $0<x_i<1$，定义 $I=\sum_{i=1}^{n}p_ix_i$ 且 $\sum_{i=1}^{n}p_i=1$，p_i 为各项因子的权重系数。$\lambda^{(i)}(t)$ 为第 i 个预防性维修周期内的失效率，不完全维修采用役龄回退模型，同式(4－50)。

$$A=\frac{\sum_{i=1}^{N}E^{(i)}(U)}{\sum_{i=1}^{N}E^{(i)}(D)+\sum_{i=1}^{N}E^{(i)}(U)}=\sum_{i=1}^{N}\frac{T-(E(Y_2)+p\cdot E(Z))\int_0^T I_i\lambda^{(i)}(t)\mathrm{d}t}{T+E(Y_1)} \tag{5-18}$$

根据中心极限定理，假设预防性维修时间 Y_1、Y_2 和 Z 均服从正态分布，有

$$f(t_{\mathrm{ins}})=\frac{1}{\sqrt{2\pi}\sigma_{\mathrm{ins}}}\mathrm{e}^{-\left(0.5\left(\frac{t_{\mathrm{ins}}-\bar{t}_{\mathrm{ins}}}{\sigma_{\mathrm{ins}}}\right)^2\right)} \tag{5-19}$$

式中：$\bar{t}_{\mathrm{ins}}$ 和 σ_{ins} 为均值和方差，通过采集外场使用数据或者计算机仿真试验的手段获得。

书中的计算方法和基于随机过程的方法相比较，不用求解每一个部件维修和延误的概率和逗留时间，只需考虑系统的维修时间和延误时间，极大地压缩了系统的空间状态，降低了计算的复杂度。

5.2.2 算例分析

1. 系统描述

以某型无人机的控制系统为例，对构建模型应用进行说明。系统由多个部件组成，其中包含硬故障的模型有 5 个单元，分别为控制系统、动力系统、传输系统、传感器和操作工具。其故障时间均服从威布尔分布，分布参数如表 5－2 所列，其结构形式为串联。

表 5－2　系统各部件的基本参数

部件	θ_i	β_i
1	1300	1.8
2	2400	2.5
3	2600	3.2
4	3800	3.1
5	2000	3.1

表 5－2 中，θ_i 为第 i 个部件的尺度参数；β_i 为第 i 个部件的形状参数。系统的可靠度为

$$R_s(t) = R_c(t)\prod_{i=1}^{5}\{1-\zeta_i[1-R_i(t)]\} \tag{5-20}$$

式中：ζ_i 为由第 i 种部件引起系统故障的概率，在串联系统中 $\zeta_i=1$，$R_c(t)$ 为除了上述 5 个部件之外的系统其余部分的可靠度，$R_c(t)=\exp(-\lambda t)$，$\lambda=0.0002$ (1/h)。

值得注意的是，只要知道系统的结构形式和部件的故障模式，通过 FMEA 和绘制系统可靠性框图，即可得到类似于式(5-20)的系统可靠度函数。

根据表 5-2 可知，系统各部件的可靠度为 $R_1(t)=e^{-(t/1300)^{1.8}}$，$R_2(t)=e^{-(t/2400)^{2.5}}$，$R_3(t)=e^{-(t/2600)^{3.2}}$，$R_4(t)=e^{-(t/3800)^{3.1}}$，$R_5(t)=e^{-(t/2000)^{3.1}}$，将各项参数代入式(5-20)，可得系统的可靠度为

$$R_s(t) = e^{-\lambda t}e^{-\sum_{i=1}^{5}(t/\theta_i)^{\beta_i}} = e^{-0.0002t}e^{-[(t/1300)^{1.8}+(t/2400)^{2.5}+(t/2600)^{3.2}+(t/3800)^{3.1}+(t/2000)^{3.1}]} \tag{5-21}$$

图 5-2 所示的系统可靠度随着运行时间增加逐渐减少。

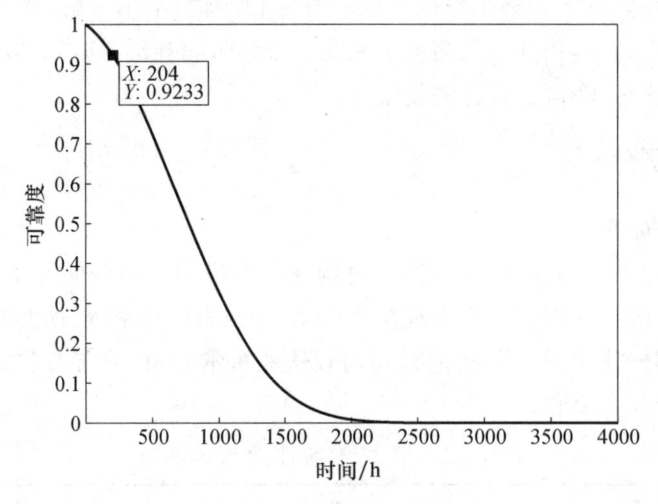

图 5-2　系统固有可靠性

假设系统预防性维修采取不完全维修策略，可靠性阈值为 0.923，以 200h 为预防性维修周期，引入役龄回退因子，则系统在不同预防性维修周期内的可靠度为

$$R^{(i)}(t) = e^{-\int_0^t I_i\lambda^{(i)}(u)\mathrm{d}u} \tag{5-22}$$

式中：I_i 为第 i 个预防性维修内的环境适应性因子，$I_i=1$。采用动态役龄回退因子 $\alpha_i=2i/(2i+1)$，$p=0.5$，$T=200$h，采用 MATLAB 软件计算可得在混合维修策略下的可靠度如图 5-3 所示。

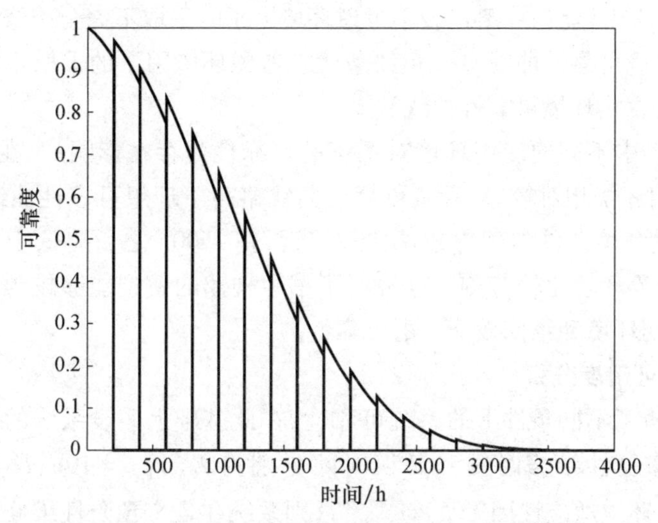

图 5 - 3　混合维修情况下的系统可靠性

为了分析不同环境因子对系统固有可靠性的影响，假设系统在使用环境阈值范围内，在给定的环境谱范围内，以 100h 为预防性维修周期，则系统可靠性如图 5 - 4 所示。

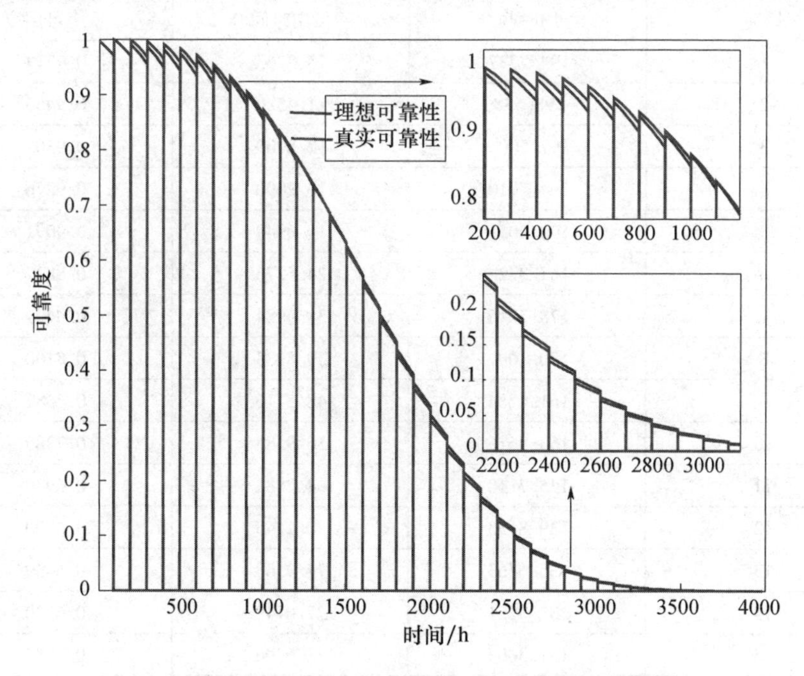

图 5 - 4　考虑不同环境因子时的系统可靠性(见彩插)

在图 5 -4 中,蓝色线条代表不考虑环境因子时采取不完全维修后的系统可靠度(理想环境可靠性曲线),红色线条代表考虑环境因子的采取不完全维修的系统可靠度(真实环境可靠性曲线)。

在该模型中不同的使用环境对系统的可靠性是存在影响的,在区间 200 ~ 1000h 内使用环境相对较好,真实可靠度曲线略高于理想可靠性曲线;在 800 ~ 1500h 之间的环境条件与理想条件比较接近,在 1500h 之后略低于理想可靠性曲线,说明服役环境比较苛刻。这说明了书中构建的模型能够较为客观地反映出系统在不同环境和维修效能下的可靠性。

2. 系统可用度分析

前文分析了不同条件下的系统可靠性,在此基础上假设系统的平均预防性维修时间、修复性维修时间和延误时间分别为 $E(Y_1)=10\text{h}$、$E(Y_2)=60\text{h}$、$E(Z)=20\text{h}$,环境适应性因子 $I_i\equiv 1$[95-96],则系统在各个预防性维修间隔内的可用时间和不可用时间如表 5 -3 所列,系统在不同区间内的可用度如图 5 -5 所示。

表 5 -3 系统各预防性维修间隔内的参数

周期	可用时间/h	不可用时间/h	系统可用度
1	194. 7737	15. 2263	0. 9274
2	198. 548	11. 4520	0. 9455
3	197. 2000	12. 8000	0. 9309
4	194. 7910	15. 2090	0. 9276
5	190. 9051	19. 0949	0. 9091
6	185. 3724	24. 6276	0. 8827
7	178. 3016	31. 6984	0. 8491
8	170. 1007	39. 8933	0. 8100
9	161. 4284	48. 5716	0. 7687
10	153. 0615	56. 9385	0. 7289
11	145. 7118	64. 2882	0. 6939
12	139. 8555	70. 1445	0. 6600
13	135. 6463	74. 3563	0. 6459
14	132. 9251	77. 0749	0. 6330
15	131. 3604	78. 6396	0. 6255
16	130. 5628	79. 4372	0. 6217
17	130. 2053	79. 7947	0. 6200

续表

周期	可用时间/h	不可用时间/h	系统可用度
18	130.0655	79.0655	0.6194
19	130.0817	79.9819	0.6191
20	130.0043	79.9957	0.6189

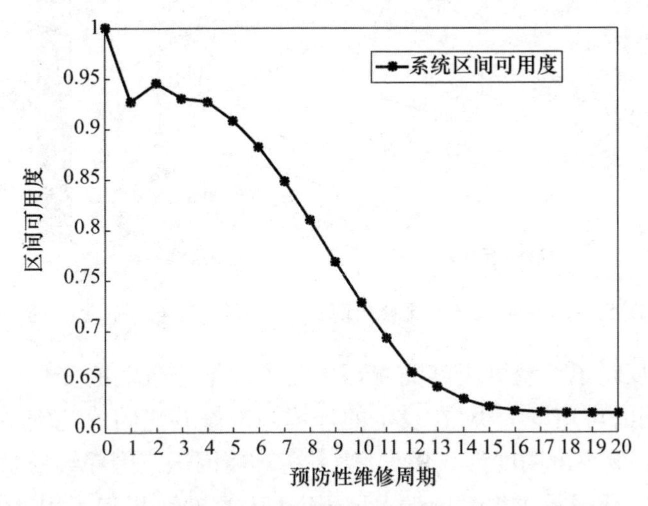

图5-5　系统在不同预防性维修间隔内的稳态可用度

从图5-5中可看出,随着服役时间的增加,系统的可用度逐渐降低,当系统在第15个周期之后相邻周期的可用度差值逐渐减少,趋于一个稳定的阶段,可用度在0.6左右,《装备可靠性维修性参数选择和指标确定》(GJB 1909.5—1994)规定军用飞机的使用可用度目标值为0.7,门限值应当大于0.56,说明系统设计符合要求。

3. 不同维修效能和使用环境下的系统可用度

假设系统在第i个周期内的可用度函数为

$$A^{(i)} = \frac{T - (E(Y_2) + p \cdot E(Z)) \int_0^T x \cdot \lambda^{(i)}(t)\,\mathrm{d}t}{T + E(Y_1)}$$

$$= \frac{200 - 70 \cdot \left(1 - \int_0^{200} x \cdot \lambda(t + 200 \cdot (i-1)(1-y)^i)\,\mathrm{d}t\right)}{210} \quad (5-23)$$

式中:x为系统环境适应性因子,假设$x \in [0,1]$;y为役龄回退因子,$y \in [0,1]$。通过分析式(5-23)可知,当系统其他参数已知时,可用度可看作变量x和y的函数,计算系统的可用度如图5-6所示。

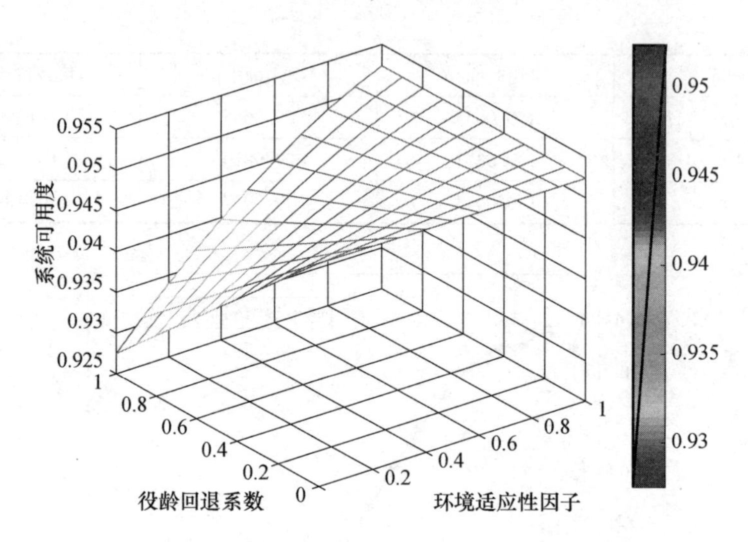

图 5-6 环境因子和维修效能对系统可用度的影响(见彩插)

图 5-6 反映了系统可用度随着环境因子和维修效能的变化。图中不同的颜色代表不同的可用度大小,在设定的环境和维修效能阈值范围系统的最大可用度为 0.955,最小可用度为 0.925。当系统环境因子范围和维修效能范围确定时,可以通过优化设计求得系统最大可用度;反之,也可以以可用度为约束,对可靠性指标、维修性指标和保障性指标进行优化设计。

5.3 本章小结

针对马尔可夫过程只能计算故障时间和维修时间服从指数分布,更新过程只能计算故障和维修时间服从独立同分布系统可用度的局限,以及现有可用度模型没有同时考虑不同维修策略和环境因子对系统可用性影响的现状。

本章构建了采取混合维修策略时多部件系统的可用度模型,可以分析一般结构和故障模式的复杂系统可用度,解决了基于马尔可夫和更新过程在解决该问题的局限性。通过分析系统的区间可用度,用户可以更好地掌握系统在不同寿命阶段的可用性能,还可以分析不同维修效能对系统可用性的影响。另外,如果以系统可用度阈值为优化目标,将可用度看成故障时间、维修时间、延误时间的函数,可以在设计阶段对系统的可靠性、维修性、保障性的参数进行优化。

在此基础上,分析了环境因子对系统可用度建模的影响。实际上在计算区间可用度时,应当充分考虑不同任务区间内环境对系统可靠性的影响,构建更为精确的切合实际情况的环境因子模型,有效地反映系统在不同时间和环境下的可用情况。

另外,区间可用度的区间设置问题有待进一步分析,除了依据满足用户对不同时间区间和服役环境需求外,如何根据系统自身的运行规律合理定义可用度波动参数,根据可用度波动参数的幅值划分不同的可用区间,在合理的区间内对系统的各通用质量特性参数和维修周期进行优化控制也是亟待研究的问题。

第6章　基于可用度的预防性维修周期优化

预防性维修是确保舰船、飞机等复杂可修装备可靠/可用的主要方式,预防性维修策略的影响因素包括系统初始状态、期望寿命、可靠性阈值、维修成本和维修效能等因素。预防性维修间隔的决策是一项复杂的系统工程,直接影响到车辆、飞机、舰船、机床等复杂可修装备综合保障系统的总体效能。高频率的预防性维修会增加系统的运行、维修成本和停机时间,降低系统的可用性;低频的预防性维修则很难保证系统的可靠性甚至引起故障或者事故。因此,合理确定装备的预防性维修间隔是装备设计、生产、使用和保障部门需要共同解决的难题。

目前基于可用度的预防性维修周期优化已经取得了不错的成绩,但是在可用度建模中没有充分考虑环境适应性因子和测试性因子,在优化模型中没有考虑延误时间、延误率以及测试性和环境适应性因子。尚未有包含多种通用质量特性因子的顶层指标模型,制约了装备多通用质量特性一体化、协调化设计的发展。本章拟重点解决基于可用度波动的预防性维修周期优化问题,即在定义可用度波动参数的基础上,如何合理划分可用度波动区间以及合理确定预防性周期,以期实现可用度最大、保障效能最佳。

6.1　基于可用度的预防性维修间隔优化

6.1.1　可用度波动的理论依据

复杂可修装备的可用性涉及装备的可靠性、维修性、保障性等多种因素,随着服役环境和服役时间的变化,其可用度是存在波动的。对于该类问题,杨懿、王立超等[97-100]分别对离散和连续的可修系统可用度波动机理进行了研究,定义了波动参数,初步探索了如何抑制可用度波动规律。徐厚宝等[57-58]应用 C_0 半群理论,证明了故障、维修时间服从一般分布的可修系统的唯一非负时间依赖解的存在性,基于系统稳态可用度,给出了系统检测时间和系统稳态可用度之间的关系表达式,并分析了系统最优检测时间的存在性和唯一性,根据上述分析,证明了基于可用度的预防性维修间隔优化在理论上是可行的。

6.1.2　周期性预防性维修间隔优化模型

不同的维修决策目标对维修决策优化的结果会产生很大的影响,通常的决策目标有可用度、费用和风险等。很多学者对复杂装备的检查周期优化进行了研究,根据不同的研究对象、约束条件、优化目标和求解方法也不相同[101-109]。徐宗昌等[110]将维修间隔决策分为固定检测间隔期、多阶段检测间隔期和动态检测间隔期。固定检测间隔期是根据特定的维修决策目标,如平均周期费用最低、可用度最大等,选择最优的检测间隔期,在固定的检测时间点对状态进行检测,根据检测结果与设定阈值的关系采取相应的维修措施。多阶段检测间隔期是基于延时模型,将装备状态退化的过程分为多个阶段,在不同的阶段采用不同的检测策略。动态检测间隔期是随着系统状态的不断退化,动态地决定检测间隔期来保证将故障风险控制在一定的概率条件下尽量减少检测次数,进而减少需要的费用。因为多阶段检测间隔和动态检测间隔都是根据系统的可靠性/性能状态确定,即假设系统可靠性随着使用时间和使用环境变化,因此将此两者归结为非周期性预防性维修间隔优化。因此,可将预防性维修间隔优化归结为周期性和非周期性两类。

Sarkar J 等[25-26]研究了单部件以及二部件简单系统预防性维修周期优化问题,在其研究过程中,假设部件寿命均服从单一分布、故障独立且不考虑成本因素和修复性维修,仅对预防性维修周期整倍数周期进行了讨论。Tsai Y T 等[102]构建了包含预防性维修和修复性维修时间的系统稳态可用度方程,即

$$A = \frac{t_p - t_b \int_0^{t_p} h(t)\,dt}{t_p + t_a} \tag{6-1}$$

式中:t_p 为预防性维修间隔;t_a 为 PM 时间;t_b 为 CM 时间;$h(t)$ 为系统失效率。除了 t_p 外,其余参数均为已知常数,因此其通过 $dA/dt_p=0$ 获得最大可用度时的 t_p。该模型中仅考虑了一个未知参数 t_p,而假设其余参数均已知,且假设系统为单部件系统,未考虑保障性参数,如平均延误时间和延误率等。

Yin M L[103]研究了故障服从超指数分布的多部件系统预防性维修周期优化模型,即

$$A(\rho) = \left[1 + \lambda^* \rho\left(\frac{1}{\mu^*\left(\prod_{i=1}^{n}(1+\rho/i) - 1\right)}\right) + 1\right]^{-1} \tag{6-2}$$

式中：$\rho=\delta/\lambda$；μ 为维修率；δ 为预防性维修率；λ 为系统故障率，这三者均为与时间相关的稳态值，尤其是故障率是表征可靠性的重要参数，而可靠性阈值是预防性维修间隔阈值设定的边界条件；n 为系统的不同运行阶段，$0<\mu^*<(n-1)/2n$。实际上，系统可用度由参数 δ 和 λ 确定，书中采用数值算法对部分区间内的目标值进行计算，但未采用优化算法。

Magdis Moustafa[104]研究了系统故障时间服从指数分布，预防性维修和修复性维修时间服从一般分布的预防性维修周期优化模型，即

$$A=\frac{\sum_{j=1}^{d}\eta(j)\left[1+\sum_{q=1}^{d-j}\prod_{l=1}^{q}\rho(j+l)\right]}{1+\sum\eta(j)\left[1+\sum_{q=1}^{d-j}\prod_{l=1}^{q}\rho(j+l)\right]\left[1+\sum_{i=1}^{k(j)}\sigma_i(j)+\sum_{i=1}^{m(j)}\gamma_i(j)\right]} \tag{6-3}$$

式中：$\sigma(j)=v(j)/\beta(j)$；$\gamma(j)=\lambda(j)/\mu(j)$；$\eta(j)=\mu/\alpha(j)$；$\rho(j)=v(j)/\alpha(j)$；$d$ 为系统的状态数量；$\alpha(j)$ 为从状态 j 到 $j+1$ 的概率；$\lambda(j)$ 为失效率；$v(j)$ 为最小维修率；μ 为修复性维修率。令 $\mathrm{d}A/\mathrm{d}x=0$，可得系统最大可用度。

上述可用度优化模型，主要是在时域维指标的约束下进行了维修周期优化，而且仅考虑了维修时间和故障时间，没有考虑延误时间，也没有考虑系统成本。但随着系统结构的日益复杂和市场竞争的日益激烈，成本和效益成为除了装备性能外另一个重要因素，因此综合考虑维修性、可靠性、经济性等多种因素的优化模型能更好地满足工程实践的需求。

Taghipour S 等[105-106]研究了包含软、硬故障的复杂可修装备的最佳预防性检查周期优化方法，以最小维修成本为目标，以可靠性阈值为约束，对有限服役时间内维修间隔和维修次数进行优化，研究过程中引入了成本函数，即

$$E[C_s^T]=T\sum_{j=1}^{m}c_j+n(c_I+\sum_{j=1}^{m}c_j)-\sum_{j=1}^{m}\bar{g}_n^j(t) \tag{6-4}$$

式中：T 为系统生命周期；n 为检查次数；τ 为预防性检查周期；c_j 为部件 j 的修复性维修成本；c_I 为系统预防性维修检查的成本；$E[C_S^T]$ 为期望成本；m 为系统可能发生硬故障的部件数；$\bar{g}_n^j(t)=\sum^{n}g_k^j(t)$，且 $g_k^j(t)=\int_0^{\tau}g_{k-1}^j(t+x)\mathrm{d}F_1^j(x|t)$，$k=2,3,\cdots,n$；$F_1(t)$ 为故障分布函数。

Liu Qingan 和 Cui Lirong 等[107]除了考虑维修成本、检查成本外，还考虑了由于停机引起的成本函数 C_f，分别构建包含竞争故障的最大可用度和最小系统运行成本的优化模型。但是在求解模型的过程中，上述研究仍然是单参数的优化模型，采用的方法和文献[102]类似。

Yuan W[108]研究了具有冷储备的二部件的预防性维修优化问题,构建了最大可用度和最小维修成本的多目标优化模型,即

$$L(\mu,k)=w_1Z(\mu)+w_2J(\mu) \tag{6-5}$$

式中:$k=(w_1,w_2)$为权重系数;$Z(\mu)=\dfrac{1}{A(u)}(\alpha(x),\beta(y),\gamma(z))$;$\alpha(x)$、$\beta(y)$、$\gamma(z)$为储备单元的故障率、修复率和维修时间,且$0<\alpha(x)$、$\beta(y)$、$\gamma(z)\leqslant M$,$M$由可靠性阈值确定;$J(\mu)$为成本函数。因此,目标函数为包含三参数的模型,在求解过程中首先根据可靠性阈值确定$\alpha(x)$、$\beta(y)$的范围,并且假定$\gamma(z)$为常数,通过绘制系统的三维图形直观地表述目标值,并未设计优化算法来进行求解,无法通过计算快速获得最优解。

因此,为了解决多参数的优化问题,各种优化算法被引入到此类问题中。Golmakani H R等[109]构建了复杂可修系统的动态规划模型,并基于分支界定法进行了求解。但是对于部件众多的复杂系统,通过解析方法求解可能变得困难而且计算时间较长,Milia Habib[111]以可用度为约束,以系统成本优化目标,基于遗传算法设计了一种快速、高效的求解方法,并且和Linggo进行了比较,在获得相同解质量的情况下计算速度比较快。Aghaie M等[112]基于概率安全分析方法(Probabilistic Safety Analysis,PSA),采用先进实数编码遗传算法(Advanced Progressive Real Coded Genetic Algorithm,APRCGA)求解了带预防性维修的应急系统的可用度模型。Tiwary A等[113]在上述研究的基础上,设计了一种基于可用度的教学算法(Teaching Learning Based Optimization,TLBO),并且在某种雷达系统上进行了验证。Meziane R等[114]基于UGF构建了串、并联系统可靠性模型,模型中假设各部件正常工作的概率未知,基于可靠性阈值设计信息素参数,采用蚁群算法对基于成本和可用度约束的预防性维修周期进行了优化。

由于粒子群优化算法(PSO)编码相对简单、运行速度较快,因此通用性较强,在可用度优化中得到了较为广泛的应用[115-117]。Ajay Kumar[34]构建了多部件串、并联系统的可用度模型,该模型中各子部件的故障率和维修策略各异,文章以最大可用度为目标函数,采用粒子群算法对系统各部件的维修率和故障率参数进行了优化,并且和蚁群算法进行了比较,获得了更为优质的解。但经典粒子群算法容易陷入局部最优点,导致目标函数达不到足够的要求精度[115]。Wang C H[116]针对经典的粒子群算法容易嵌入局部最优的问题,基于改进粒子群算法(Improved Particle Swam Optimization,IPSO),求解了串、并联系统的预防性维修的最小成本优化模型。吕德峰等[22]为了避免PSO算法的缺陷,引入免疫

算法(IA)对粒子群算法进行改进,可提高粒子群算法全局搜索的能力。都业宏[117]构建了使用可用度和维修费的多目标优化模型,采用多目标粒子群算法对所建模型进行了求解。

6.1.3 非周期性预防性维修间隔优化模型

上节内容在假定系统故障率保持不变时,研究了预防性维修间隔对系统可靠性、维修性、系统成本和可用度的影响。其中故障分布时间是可用度建模的一项重要因素,而故障分布时间除了和系统固有可靠性相关外,还与不同的维修策略和使用环境相关[118-120]。由此基于等周期的预防性维修间隔优化已经不能满足长周期服役的复杂装备的预防维修优化需求,而基于可用度的非周期性优化研究更能满足实践要求。

Zu - Liang Lin 等[118]系统地分析了复杂可修装备非周期性预防性维修模型,以可靠性阈值为约束,分析了不同维修策略对系统可靠性和成本的影响,构建了系统 3 种不同的非周期性优化模型,并且设计了不同的求解算法。Yassin Hajipour[119]研究了 N/K 的复杂可修系统的非周期性预防性维修间隔优化模型,设计了基于蒙特卡罗和遗传算法的求解算法,获得有限寿命周期内系统最佳预防性维修次数和间隔。盖京波[120]和黄傲林等[121]分别针对不同的研究对象,运用故障率递增因子和役龄回退因子对预防性维修行为的效能与故障率间的动态变化关系进行了表述,以装备寿命周期的最小费率 $C(T,N)$ 为决策因素,对装备寿命周期内的预防性维修次数 N 和各个维修间隔 T_i 进行了求解。席启超等[122]针对周期预防性维修模型和顺序预防性维修模型的优、缺点,结合装备维护保养实际,提出三阶段等周期预防性维修模型,研究过程中假设系统故障率服从两参数的威布尔分布,将装备寿命划分为 3 个阶段,即新装备阶段、一般阶段、老旧装备,但是没有具体划分阶段的分析模型。Taghipour S 和 Banjevic D[31]研究了周期性检查和机会维修的联合优化模型,首先确定检查周期,当系统出现故障时进行机会维修,并对隐含故障进行周期性检查,在此基础上逐步调整各阶段的检查周期。

综上所述,基于时间的可用度预防性维修间隔优化模型,可以分为周期性和非周期性两种,面对不同的研究对象,其优化目标和优化模型的约束条件也各不相同,其基本模型总体如图 6 - 1 所示。

概括起来,优化目标可以是单目标也可以是多目标。单目标一般为可用度最大或者成本最小,单目标优化的缺点在于,不能系统地平衡各优化目标之间的关系,以获得最满足决策者对维修决策预期的优化结果。多目标一般是对两者的联合,根据每一个决策变量对可能存在冲突的几个目标函数进行评估。其目标是找出在各种目标函数之间做出最佳选择方案。在实际研究过程中由于不同研究对象的预防性维修成本、修复性维修成本、停机或者运行周期内的损失成本各不相同,因此模型的灵活性比较大,需要具体问题具体对待。

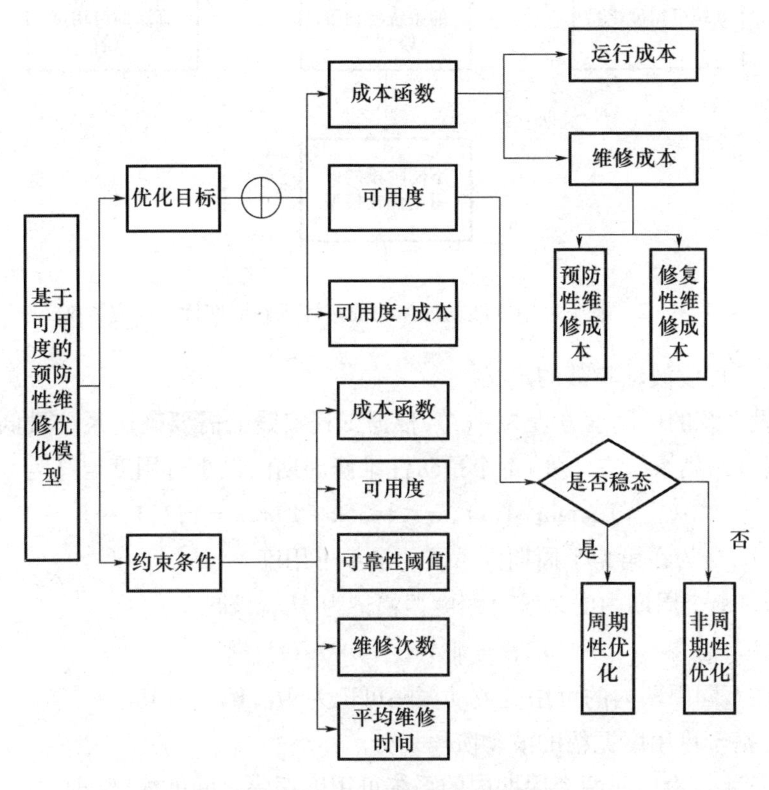

图6-1 可用度优化模型

6.2 基于可用度的非周期性预防性维修周期优化

6.2.1 基于可用度的非周期性预防性维修周期优化模型构建

在上述研究的基础上,构建基于可用度的非周期性优化模型,其基本思路可如图6-2所示。

在图6-2中,该部分研究内容主要通过以下几个步骤实现。

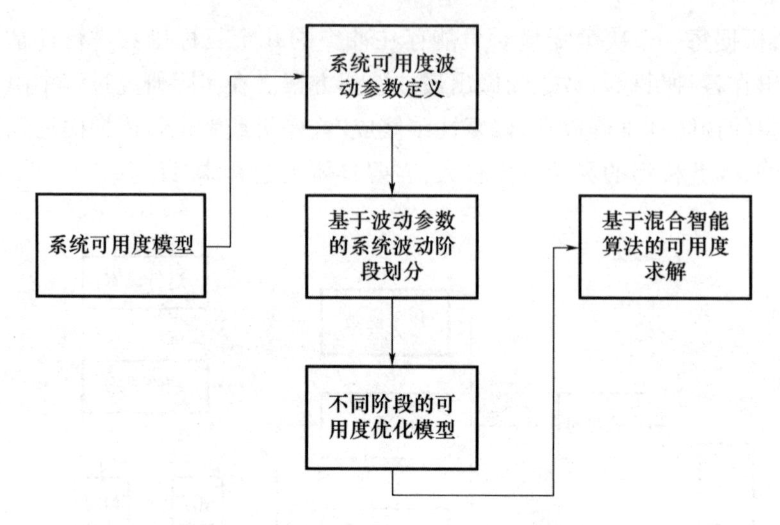

图6-2　基于可用度波动规律的预防性维修周期优化研究方案

(1)可用度波动参数的定义。

假设系统的可用度方程为$A(t)$,根据工程实践的需要确定系统最低可用度要求$A(t)_{re}$,则系统在第$k+1$个预防性维修周期内最小可用度定义为

$$A(t_{k+1}) = \min\{A(t), k\tau \leqslant t \leqslant (k+1)\tau, k=1,2,3,\cdots\} \tag{6-6}$$

式中:$A(t_{k+1})$为在第k个周期内系统的最小可用度。

第$k+1$个周期内的系统可用度振幅记为M_{k+1},即

$$M_{k+1} = \| A(t_{k+1}) - A(t)_{re} \| \tag{6-7}$$

则系统在不同周期内的可用度波动振幅可记为$M_1, M_2, \cdots, M_k, \cdots$。

(2)基于可用度振幅的波动阶段划分。

记变量Z为相邻两个周期内的系统可用度振幅之间的测度,即

$$z_k = \| M_{k+1} - M_k \| \quad 0 \leqslant k \leqslant N \tag{6-8}$$

式中:$N\tau = T_{寿命}$,$T_{寿命}$为系统最长寿命时间。

当$\forall \varepsilon \geqslant 0$且$\varepsilon \to 0$时,记$\tau'_i$为第$i$个波动阶段,则所有满足条件$\| z_{k+1} - z_k \| \leqslant \varepsilon$的预防性维修周期$\tau_k$的集合为第$i$个波动阶段,即

$$\tau'_i = \{\tau_k \mid \| z_{k+1} - z_k \| \leqslant \varepsilon\} \tag{6-9}$$

由此,根据可用度波动振幅在系统寿命周期内进行新的划分,令$\tau'_1 = \tau_k + \cdots + \tau_1$,$\tau'_2 = \tau_{k+j} + \cdots + \tau_{k+1}$,$\tau'_i = \tau_{k+i} + \cdots + \tau_{k+j+1}$,$k+j+1 < k+i \leqslant N$,直至满足$\sum_{i=1}^{N'} \tau'_i = T_{寿命}$,$T_{寿命}$为系统的规定寿命时间。

基于PSO设计优化算法,其基本流程如图6-3所示。

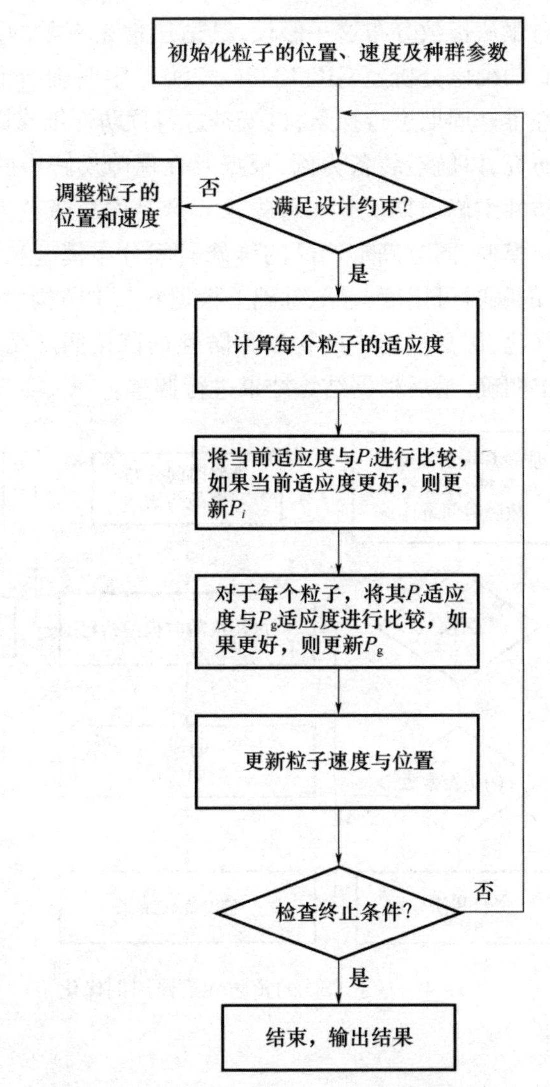

图6-3　基于PSO的维修周期优化设计流程

(3)不同阶段的预防性周期确定。

根据可用度振幅大小划分出不同的阶段,结合产品的可靠性要求,合理确定出每个阶段产品的预防性维修间隔,记为(τ_i,τ'_i),其中τ_i为第i个波动阶段,τ'_i为i个波动阶段的检查周期。

6.2.2　工程应用

在工程实践中,航空装备在交付阶段一般会给出预防性维修大纲,对重要系统或产品的预防性维修周期进行明确,即在其寿命周期定检周期为固定常数,主要是基于产品寿命服从指数分布这一假设,其适应性是有限的,所以国军标《装备以可靠性为中心的维修分析》(GJB 1378a—2007)中明确指出,装备在投入使用后应当对预防性维修周期进行探索,也就是进行预防性维修周期的优化。

结合上面的研究,以航空装备为例,根据其在保障实践中的特点,按照下面的流程实现其预防性维修周期优化。首先采集产品的故障数据,根据数据合理确定产品寿命分布模型,同时确定产品的维修时间分布模型和延误时间分布模型,然后构建产品的瞬时可用度,在此基础上根据 6.2.1 节构建的优化算法进行预防性维修周期优化,仿真过程中的初始预防性周期按照产品交付时的预防性维修大纲里的要求明确,最后根据结算结果进行调整。

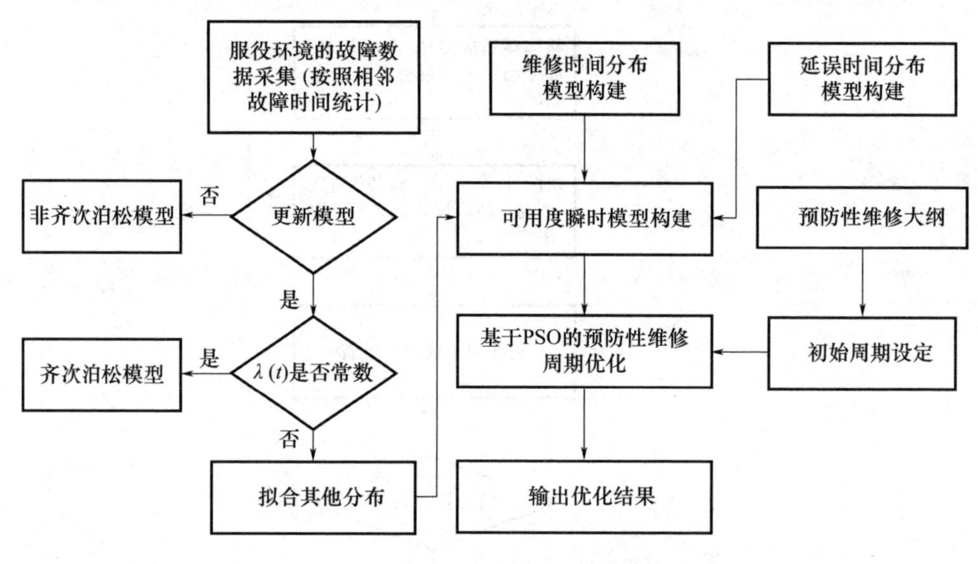

图 6-4　基于 PSO 的预防性维修周期优化

6.3　本章小结

本章分析了基于可用度的预防性维修周期优化的现状,定义了可用度波动的基本参数,并根据可用度波动参数,构建了非周期性预防性维修后的优化模型和求解算法,所建模型可以获得系统在不同指标阈值下的可用度和预防性维修周期的最优值。

非周期性预防性维修间隔在理论上能取得更高的效益,但是在工程实践上其可行性有待进一步分析。因为预防性维修的实施除了关系理论和技术问题外,在实际装备的保障过程还涉及管理问题,所以其应用和推广相对困难。随着健康管理和故障预测技术的发展,基于状态的维修策略制定成为未来维修策略制定的主要方式之一,如何广泛应用先进传感器技术、神经网络、深度学习等智能算法等实现对寿命的精确控制是一项极具挑战性的问题[123]。因此,针对不同的研究对象,将基于状态和时间的维修策略结合起来才能更有效地管理控制装备寿命与可靠性。

第7章　结论与展望

本书分析了影响装备可用性的各项因素,对国内外可用度建模的研究现状进行了分析,梳理了基于可用度的复杂可修装备预防性维修间隔优化建模和求解算法的成果和经验,指出其中存在的一些不足和缺陷。研究成果可以更为全面地权衡装备的可靠性、维修性、保障系统、系统运行成本以及系统运行环境之间的相互制约关系,可为装备在设计、使用和维修保障等全寿命周期内的决策提供理论依据。

随着系统结构的日益复杂,系统性能、系统组件、元件以及系统运行环境之间的作用机理和影响关系日渐复杂,在以后的工作中,可以从以下方面开展更深入的研究。

(1) 加强对复杂系统可靠性和维修性行为的研究和建模,加强失效概率模型和物理机理的结合,更准确地描述系统的故障行为特性;更为深入地探索多状态系统的可靠性建模方法,研究复杂系统多状态空间的压缩机理、多状态系统各个单元之间的相依关系等问题,从而更精确地设计保障系统,提高保障效能。

(2) 构建复杂系统的瞬时可用性模型,精确分析系统的动态可用性,根据瞬时可用度的波动特性,合理划分长周期服役装备的使用阶段,研究出装备不同使用阶段的可用度和维修间隔优化模型,从而在全寿命周期内合理规划系统运行方式,优化系统效能。

(3) 云计算作为一种新型计算模式,已经受到了学术界和工业界的广泛关注,云计算能够以按需使用、按使用量付费的方式为用户提供基础设施、平台、软件等服务。基于云计算的复杂系统可靠性仿真与验证平台,可以广泛采用先进的计算机技术、传感器技术以及人工智能技术,实现可靠性领域多方法建模工程化、高效化。因此,加速大数据、云计算等技术在可靠性工程领域的应用也是未来的主要方向之一。

(4) 结合当前工程实际,将当前可靠性、维修性、保障性(RMS)各自独立的单项设计改进为一体化设计,而 RMS 一体化设计的基础,就是建造以 RMS 为参数的顶层理论模型,构建涵盖"六性"因子的可用度模型,为"六性"一体化设计和实施提供理论模型,为六性设计和管理提供决策依据,尤其是在设计阶段科学论证系统的各项指标阈值[124-125]。

参考文献

[1] 王自力．可靠性维修性保障性要求论证[M]．北京：国防工业出版社，2011.

[2] GJB 1999A—2009. 装备可靠性维修性保障性要求论证[S]．中国人民解放军总装备部.

[3] Elsayed A E. Reliability Engineering[M]．杨舟，译．北京：电子工业出版社，2013.

[4] 杨懿，任思超，于永利．均匀分布下系统瞬时可用度理论分析[J]．北京航空航天大学学报，2016，42(1)：28－34.

[5] Barlow R，Hunter L. Optimum preventive maintenance policies[J]. Operations Research，1960，8(1)：90－100.

[6] Brown M，Proschan F. Imperfect repair[J]. Journal of Applied probability，1983，20(4)：851－859.

[7] Basri E I，Abdul Razak I H，Ab－Samat H，et al. Preventive maintenance (PM) planning：a review[J]. Journal of Quality in Maintenance Engineering，2017，23(2)：114－143.

[8] Ten Wolde M，Ghobbar A A. Optimizing inspection intervals－Reliability and availability in terms of a cost model：A case study on railway carriers[J]. Reliability Engineering & System Safety，2013，114：137－147.

[9] Barlow R E，Proschan F. Statistical theory of reliability and life testing：probability models[R]. Florida State Univ Tallahassee，1975.

[10] Rausand M，Høyland A. System reliability theory：models，statistical methods，and applications[M]. Hoboken：John Wiley & Sons，2003.

[11] 丁定浩．RMS 军用标准亟待革新和提升[J]．电子产品可靠性与环境试验，2015，33(4)：1－8.

[12] 丁定浩．论证军用装备 RMS 顶层参数指标的意义和建议[J]．电子产品可靠性与环境试验，2011，29(5)：1－5.

[13] 丁定浩．RMS 一体化设计及其验证方法[J]．电子产品可靠性与环境试

验,2014,32(1):1 -5.
[14] 徐宗昌,郭建,张文俊,等. 复杂可修装备维修策略优化研究综述[J]. 计算机测量与控制,2018,26(12):1 -5.
[15] 曹晋华,程侃. 可靠性数学引论(修订版)[M]. 北京:高等教育出版社,2012.
[16] 高连华,吴溪,陈春良. 装备的可用度与保障资源延误概率[J]. 装甲兵工程学院学报,2005,19(1):1 -3.
[17] 王蕴,王乃超,马麟,等. 考虑备件约束的多部件串联系统使用可用度计算方法[J]. 航空学报,2015,36(4):1195 -1201.
[18] 周亮,李庆民,彭英武. 基于稳态和非稳态时变可用度模型的适用性[J]. 北京航空航天大学学报,2017,43 (12):2422 -2430.
[19] 周亮,彭英武,李庆民,等. 串件拼修策略下不完全修复件时变可用度评估建模[J]. 系统工程与电子技术,2017,39(5):1065 -1071.
[20] 冯晓,郭霖瀚,宋常浩,等. 基于 CTMC 族的多部件装备群稳态可用度建模方法[J]. 系统工程与电子技术,2018,40(6):1405 -1410.
[21] 李军亮,滕克难,杨春周,等. 任务准备期内的军用飞机瞬时可用度[J]. 北京航空航天大学学报,2016,43(4):754 -760.
[22] 吕德峰,过秀成,孔哲,等. 基于可用度的地铁车辆维修检查间隔优化方法[J]. 东南大学学报:自然科学版,2011,41(4):877 -881.
[23] 谢楠,李爱平,薛伟,等. 基于随机 Petri 网的复杂机械设备可用度分析方法研究[J]. 机械工程学报,2012,48(16):167 -174.
[24] 史跃东,金家善,徐一帆,等. 基于发生函数的模糊多状态复杂系统可靠性通用评估方法[J]. 系统工程与电子技术,2018,40(1):238 -244.
[25] Sarkar J,Sarkar S. Availability of a periodically inspected system under perfect repair[J]. Journal of Statistical Planning and Inference,2000,91(1):77 -90.
[26] Sarkar J,Sarkar S. Availability of a periodically inspected system supported by a spare unit,under perfect repair or perfect upgrade[J]. Statistics & probability letters,2001,53(2):207 -217.
[27] Biswas A,Sarkar J,Sarkar S. Availability of a periodically inspected system, maintained under an imperfect - repair policy[J]. IEEE Transactions on Reliability,2003,52(3):311 -318.
[28] Cui L,Xie M. Availability of a periodically inspected system with random repair or replacement times[J]. Journal of Statistical Planning and Inference,

2005,131(1):89 - 100.

[29] Junliang L, Yueliang C, Yong Z. Availability modeling for periodically inspection system with different lifetime and repair - time distribution[J]. Chinese Journal of Aeronautics, 2019.

[30] Qiu Q, Cui L, Gao H. Availability and maintenance modelling for systems subject to multiple failure modes[J]. Computers & Industrial Engineering, 2017, 108:192 - 198.

[31] Taghipour S, Banjevic D, Jardine A K S. Periodic inspection optimization model for a complex repairable system[J]. Reliability Engineering & System Safety, 2010, 95(9):944 - 952.

[32] Yusuf, Ibrahim. Availability modelling and evaluation of a repairable system subject to minor deterioration under imperfect repairs[J]. International Journal of Mathematics in Operational Research, 2015, 7(1):42 - 51.

[33] El - Damcese M, Temraz N. Analysis of availability and reliability of k - out - of - n:F model with fuzzy rates[J]. International Journal of Computational Science and Engineering, 2015, 10(1 - 2):192 - 201.

[34] Kumar A, Garg R K. Availability analysis and evaluation of series parallel system using soft computing technique[J]. International Journal of Reliability and Safety, 2016, 10(4):346 - 367.

[35] Jain M, Naresh P. A multi - state degraded system with inspection and maintainability[J]. International Journal of Industrial and Systems Engineering, 2012, 12(2):165 - 187.

[36] Jain M, Gupta R. Availability analysis of repairable redundant system with three types of failures subject to common cause failure[J]. International Journal of Mathematics in Operational Research, 2014, 6(3):271 - 296.

[37] Yang L, Ma X, Peng R, et al. A preventive maintenance policy based on dependent two - stage deterioration and external shocks[J]. Reliability Engineering & System Safety, 2017, 160:201 - 211.

[38] Yang L, Zhao Y, Peng R, et al. Hybrid preventive maintenance of competing failures under random environment[J]. Reliability Engineering & System Safety, 2018, 174:130 - 140.

[39] Levitin G, Lisnianski A. Importance and sensitivity analysis of multi - state systems using the universal generating function method[J]. Reliability Engi-

neering & System Safety,1999,65(3):271 - 282.

[40] Levitin G,Lisnianski A. Optimization of imperfect preventive maintenance for multi - state systems[J]. Reliability Engineering & System Safety,2000,67(2):193 - 203.

[41] Levitin G. A universal generating function approach for the analysis of multi - state systems with dependent elements[J]. Reliability Engineering & System Safety,2004,84(3):285 - 292.

[42] Ding Y,Lisnianski A. Fuzzy universal generating functions for multi - state system reliability assessment[J]. Fuzzy Sets and Systems,2008,159(3):307 - 324.

[43] Lisnianski A,Elmakias D,Laredo D,et al. A multi - state Markov model for a short - term reliability analysis of a power generating unit[J]. Reliability Engineering & System Safety,2012,98(1):1 - 6.

[44] 任博,吕震宙,李贵杰,等. 基于通用生成函数的系统寿命可靠性分析[J]. 航空学报,2013,34(11):2550 - 2556.

[45] 李军亮,滕克难,夏菲. 一种复杂可修系统的可用度计算方法[J]. 航空学报,2017,38(12):145 - 153.

[46] 潘刚,尚朝轩,蔡金燕,等. 基于机会策略的多态系统视情更换决策[J]. 北京航空航天大学学报,2017. 43 (2):319 - 327.

[47] 潘刚,尚朝轩,蔡金燕,等. 基于 Semi - Markov 模型的多态系统不完全维修决策[J]. 航空学报,2017,38(2):195 - 209.

[48] 蔡琦,尚彦龙,陈力生,等. 基于向量通用发生函数理论的考虑多性能参数的热力系统可用度分析[J]. 原子能科学技术,2013,47(10):1787 - 1792.

[49] Zio E,Marella M,Podofillini L. A Monte Carlo simulation approach to the availability assessment of multi - state systems with operational dependencies[J]. Reliability Engineering & System Safety,2007,92(7):871 - 882.

[50] Marquez A C,Heguedas A S,Iung B. Monte Carlo - based assessment of system availability. A case study for cogeneration plants[J]. Reliability Engineering & System Safety,2005,88(3):273 - 289.

[51] Faulin J,Juan A A,Serrat C,et al. Predicting availability functions in time - dependent complex systems with SAEDES simulation algorithms[J]. Reliability Engineering & System Safety,2008,93(11):1761 - 1771.

[52] Morgan J S,Howick S,Belton V. A toolkit of designs for mixing discrete event simulation and system dynamics[J]. European Journal of Operational Re-

search,2017,257(3):907 – 918.

[53] 黄傲林,李庆民,张光宇. 基于仿真的劣化装备瞬时可用度估计[J]. 计算机仿真,2014,31(4):9 – 13.

[54] 吕学志,范保新,赵新会,等. 基于离散事件仿真的复杂冗余系统可用度分析[J]. 计算机工程与应用,2018. 54(15):43,255 – 261.

[55] Neil M,Marquez D. Availability modelling of repairable systems using Bayesian networks[J]. Engineering Applications of Artificial Intelligence,2012,25(4):698 – 704.

[56] Neil M,Marquez D. Dependability modelling of repairable systems using bayesian networks[J]. IFAC Proceedings Volumes,2009,42(5):221 – 226.

[57] 徐厚宝,柳合龙,朱广田. 可修复系统解的适定性及术最优检测时间[J]. 系统科学与数学,2008,28(3):265 – 274.

[58] 洪慧丽,徐厚宝,蒋立宁. 具有预防性维修策略的可修复系统的指数稳定性[J]. 数学的实践与认识,2009,39(21):110 – 116.

[59] 蔡忠义,陈云祥,项华春,等. 多种应力试验下航空产品可靠性评估方法[M]. 北京:国防工业出版社,2019.

[60] 中国人民解放军总装备部电子信息基础部标准化研究中心. 可靠性鉴定和验收试验:GJB 899A – 2009 [S]. 北京:总装备部军标出版发行部.

[61] 崔毅勇,全成雨,丁利平. 航空机载可修产品外场可靠性评估模型及其应用[J]. 航空学报,2000,21(4):346 – 348.

[62] 洪东跑,马晓东,金晶,等. 机载武器作战使用可靠性综合验证[J]. 航空学报,2015,36(11):3608 – 3615.

[63] 赵宇. 可靠性数据分析[M]. 北京:国防工业出版社,2011.

[64] Li Junliang, Chen Yueliang. Availability modeling for periodically inspection system with different lifetime and repair – time distribution[J]. Chinese Journal of Aeronautics,2019,32(7):1667 – 1672.

[65] 赵宇,王宇宏,黄敏. 复杂电子设备研制阶段数据的可靠性综合评估[J]. 系统工程与电子技术,2002,24(1):99 – 102.

[66] 谢里阳,任俊刚,吴宁祥,等. 复杂结构部件概率疲劳寿命预测方法与模型[J]. 航空学报,2015,36(8):2688 – 2695.

[67] 谭秀峰,谢里阳,马洪义,等. 基于对数正态分布的多部位疲劳结构的疲劳寿命预测方法[J]. 航空学报,2017,38(3):220376.

[68] 孔祥芬,王杰,张兆民. 基于贝叶斯网络和共因失效的飞机电源系统可

靠性分析[J]. 航空学报,2020,41(X):323632.

[69] 黄卓,李苏军,郭波. 基于混合 Gamma 分布的通用可靠性寿命数据拟合方法[J]. 航空学报,2008,29(2):379 - 385.

[70] 王博锐,刘禄勤. 基于混合 Gamma 分布单个观测的可靠性函数无偏估计[J]. 武汉大学学报,2020,66(3):205 - 214.

[71] 董力,陆中,周伽. 基于遗传算法的混合威布尔分布参数最小二乘估计[J]. 南京航空航天大学学报,2019,51(5):711 - 718 .

[72] Li Junliang, Chen Yueliang, Zhang Yong. System Availability Modeling and Optimization considering Multi - general Quality Characteristics[EB/OL]. (2020 - 02 - 20). https://doi. org/10. 1155/2022/5383526.

[73] 孔德景. 寿命型和退化型数据的可靠性统计分析及应用研究[D]. 北京:北京理工大学,2017.

[74] Jia X, Xing L, Song X. Aggregated Markov - based reliability analysis of multi:tate systems under combined dynamic environments[J]. Quality and Reliability Engineering,2020,36(3):1 - 15.

[75] Radouane Laggounea, Alaa Chateauneuf, Djamil Aissani. Opportunistic policy for optimal preventive maintenance of a multi - component system in continuous operating units[J]. Computers and Chemical Engineering,2009,(33): 1499 - 1510.

[76] Zhang X, Zeng J. A general modeling method for opportunistic maintenance modeling of multi - units systems[J]. Reliability Engineering and System Safety,2015,140:176 - 190.

[77] Kijima M, Morimura H, Suzuki Y. Periodical replacement problem without assuming minimal repair[J]. European Journal of Operational Research,1988, 37(2):194 - 203.

[78] Kijima M. Some results for repairable systems with general repair[J]. Journal of Applied Probability,1989,26(1):89 - 102.

[79] Fuqing Y, Kumar U. A general imperfect repair model considering time - dependent repair effectiveness[J]. IEEE Transactions on Reliability, 2012, 61(1): 95 - 100.

[80] 石冠男,张晓红,曾建潮,等. 基于状态空间划分的可修系统视情维修决策[J]. 系统工程理论与实践,2020,40(5):1350 - 1360.

[81] 陈浩,周正,颉征. 基于状态维修的预防性维修策略优化模型研究[J].

航空工程进展,2018,9(3):24－26.

[82] Vu H C,Do P,Barros A. A study on the impacts of maintenance duration on dynamic grouping modeling and optimization of multicomponent systems[J]. IEEE Transactions on Reliability,2018,(99):1－16.

[83] 魏高峰. 考虑维修的复杂系统可靠性仿真与评估方法研究[D]. 哈尔滨:哈尔滨工程大学,2019,3:70－89.

[84] 徐宗昌. 装备综合保障工程[M]. 北京:兵器工业出版社,2005.

[85] 周源泉,叶喜涛. 论加速系数与失效机理不变的条件(Ⅰ)－寿命型随机变量的情况[J]. 系统工程与电子技术,1996,18(1):13.

[86] 杨宇航,周源泉. 加速寿命试验的理论基础(Ⅱ)[J]. 推进技术,2001,22(5):353－356.

[87] 冯静,周经伦. 基于退化失效数据的环境因子问题研究[J]. 航空动力学报,2010,25(007):1622－1627.

[88] 魏发远,谢朝阳,孙昌璞,等. 长贮装备性能退化评估刍议[J]. 机械工程学报,2020,56(16):262－272.

[89] 王浩伟,滕克难,盖炳良. 基于加速因子不变原则的加速退化数据分析方法[J]. 电子学报,2018,46(3):739－747.

[90] 王浩伟,滕克难. 基于加速退化数据的可靠性评估技术综述[J]. 系统工程与电子技术,2019,37(12):2887－2884.

[91] 魏郁昆. 系统可靠性分析中环境因子评估方法研究及软件实现[D]. 成都:电子科技大学,2014.

[92] 赵仙童. 多种分布下可靠性数据折算方法的比较研究[D]. 上海:上海交通大学,2012.

[93] 陈跃良,卞贵学,衣林,等. 腐蚀和疲劳交替作用下飞机铝合金疲劳性能及断裂机理研究[J]. 机械工程学报,2012,48(20):70－76.

[94] 黄海亮,陈跃良,张柱柱,等. 飞机结构常见腐蚀形式仿真研究进展. 航空学报,2021,42(5):1－19.

[95] 魏玉凡,郭建峰. 环境因子在机载电子信息系统试飞试验可靠性评估的应用[J]. 中国电子科学院学报,2013,8(5):449－452.

[96] 赵婉,温玉全. 可靠性评估领域中环境因子的研究进展[J]. 电子产品可靠性与环境试验,2005,4(2):69－72.

[97] 王立超,杨懿,邹云,等. 离散 Weibull 分布下实现系统可用度的最小波动[J]. 控制理论与应用,2010,27(5):575－581.

[98] 王立超,杨懿,于永利,等. 基于系统可用度的匹配问题的分析[J]. 系统工程学报,2009,24(2):253 - 256.
[99] 杨懿,王立超,邹云. 考虑预防性维修的离散时间单部件系统的可用度模型[J]. 航空学报,2009,30(1):68 - 72.
[100] 任思超,杨懿,陈洋,等. 故障小修下瞬时可用度的波动分析[J]. 北京航空航天大学学报,2016,43(3):602 - 607.
[101] 滕克难,李军亮,李保刚. 周期性检查装备瞬时可用度研究[J]. 国防科技,2018,39(4):31 - 35.
[102] Tsai Y T, Wang K S, Tsai L C. A study of availability - centered preventive maintenance for multi - component systems[J]. Reliability Engineering & System Safety,2004,84(3):261 - 270.
[103] Yin M L, Angus J E, Trivedi K S. Optimal preventive maintenance rate for best availability with hypo - exponential failure distribution[J]. IEEE Transactions on Reliability,2013,62(2):351 - 361.
[104] Moustafa M S. Optimal minimal maintenance of deteriorating system subject to exponential failures with maintenance and repair of general distributions[J]. International Journal of Information and Decision Sciences, 2008, 1(1): 132 - 144.
[105] Taghipour S, Banjevic D. Optimum inspection interval for a system under periodic and opportunistic inspections[J]. Iie Transactions,2012,44(11):932 - 948.
[106] Taghipour S, Banjevic D. Optimal inspection of a complex system subject to periodic and opportunistic inspections and preventive replacements[J]. European Journal of Operational Research,2012,220(3):649 - 660.
[107] Qiu Q, Cui L. Reliability evaluation based on a dependent two - stage failure process with competing failures[J]. Applied Mathematical Modelling,2018, 64:699 - 712.
[108] Yuan W, Guo L, Xu G. Optimal repair strategies for a two - unit deteriorating standby system[J]. Applied Mathematics and Computation,2014,227:102 - 111.
[109] Golmakani H R, Moakedi H. Periodic inspection optimization model for a multi - component repairable system with failure interaction[J]. The International Journal of Advanced Manufacturing Technology,2012,61(1 - 4): 295 - 302.
[110] 郭建,徐宗昌,张文俊. 基于状态的装备故障预测技术综述[J]. 火炮发

射与控制学报,2019,40(2),103 - 108.

[111] Habib M,Chehade H,Yalaoui F,et al. Availability optimization of a redundant dependent system using genetic algorithm[J]. IFAC - PapersOnLine, 2016,49(12):733 - 738.

[112] Aghaie M,Norouzi A,Zolfaghari A,et al. Advanced progressive real coded genetic algorithm for nuclear system availability optimization through preventive maintenance scheduling[J]. Annals of Nuclear Energy,2013,60:64 - 72.

[113] Tiwary A,Arya L D,Arya R,et al. Inspection - repair based availability optimization of distribution systems using teaching learning based optimization[J]. Journal of The Institution of Engineers (India): Series B, 2016, 97 (3): 355 - 365.

[114] Meziane R,Massim Y,Zeblah A,et al. Reliability optimization using ant colony algorithm under performance and cost constraints[J]. Electric power systems research,2005,76(1 - 3):1 - 8.

[115] Hajeeh M A. Performance and cost analysis of repairable systems under imperfect repair[J]. International Journal of Operational Research,2015,23(1): 1 - 14.

[116] Wang C H,Lin T W. Improved particle swarm optimization to minimize periodic preventive maintenance cost for series - parallel systems[J]. Expert Systems with Applications,2011,38(7):8963 - 8969.

[117] 都业宏,郁浩,赵静,等. 武器系统预防性维修间隔期的多目标决策研究[J]. 兵工学报,2015,36(6):1089 - 1095.

[118] Lin Z L,Huang Y S,Fang C C. Non - periodic preventive maintenance with reliability thresholds for complex repairable systems[J]. Reliability Engineering & System Safety,2015,136:145 - 156.

[119] Hajipour Y,Taghipour S. Non - periodic inspection optimization of multi - components and k - out - of - m systems[J]. Reliability Engineering & System Safety,2016,156:228 - 243.

[120] 盖京波,孔耀. 有限使用时间内预防性维修策略优化[J]. 兵工学报, 2015,36(11):2164 - 2172.

[121] 黄傲林,李庆民,黎铁冰,等. 劣化系统周期预防性维修策略的优化[J]. 系统工程与电子技术,2014,36(6):1103 - 1107.

[122] 席启超,曹继平,陈桂明,等. 一种基于可靠度约束的分阶段等周期预

防性维修模型研究[J]. 兵工学报,2017,38(11):2251-2258.
[123] 丁申虎,贾云献,卜昭锋. 复杂装备动态组合维修优化模型研究[J]. 火力与指挥控制,2019 (9):21:117-121.
[124] 王丽英,崔丽蓉. 基于随机过程理论的多状态系统建模与可靠性评估[M]. 北京:科学出版社,2017:1-20.
[125] Li Junliang, Chen Yueliang, Zhang Yong, et al, Availability modelling for periodically inspected systems under mixed maintenance policies[J]. Journal of Systems Engineering and Electronics, 2021, 32(3):722-730.
[126] 谢里阳,任俊刚,吴宁祥,等. 复杂结构部件概率疲劳寿命预测方法与模型[J]. 航空学报,2015,36(8):2688-2695.
[127] 吕克洪,程先哲,李华康,等. 电子设备故障预测与健康管理技术发展新动态[J]. 航空学报,2019,40(11):023285.
[128] 贾占强,蔡金燕,梁玉英,等. 产品性能可靠性评估中的环境因子仿真研究[J]. 红外与毫米波学报,2010,29(3):171-175.
[129] 贺小帆,刘文铤,杨洪源. 基于 Weibull 分布的疲劳加速腐蚀因子分析[J]. 北京航空航天大学学报,2007,33(2):154-158.
[130] 贺小帆,刘文珽,向锦武. 基于 DFR 的疲劳加速腐蚀因子模型与分析[J]. 应力力学学报,2008,25(3):445-449.
[131] 贺小帆,梁超,刘文王廷. 腐蚀退化加速因子模型与分析[J]. 机械强度,2010,32(2):299-3004.
[132] Amal S. Hassan, Said G. Nassr, Sukanta Pramanik, et al. Correction to: estimation in constant stress partially accelerated life tests for Weibull distribution based on censored competing risks data[J]. Correction to: Annals of Data Science, 2020, 7(1):45-62.
[133] Xu H, Hu W. Modelling and analysis of repairable systems with preventive maintenance [J]. Applied Mathematics and Computation, 2013, 224: 46-53.

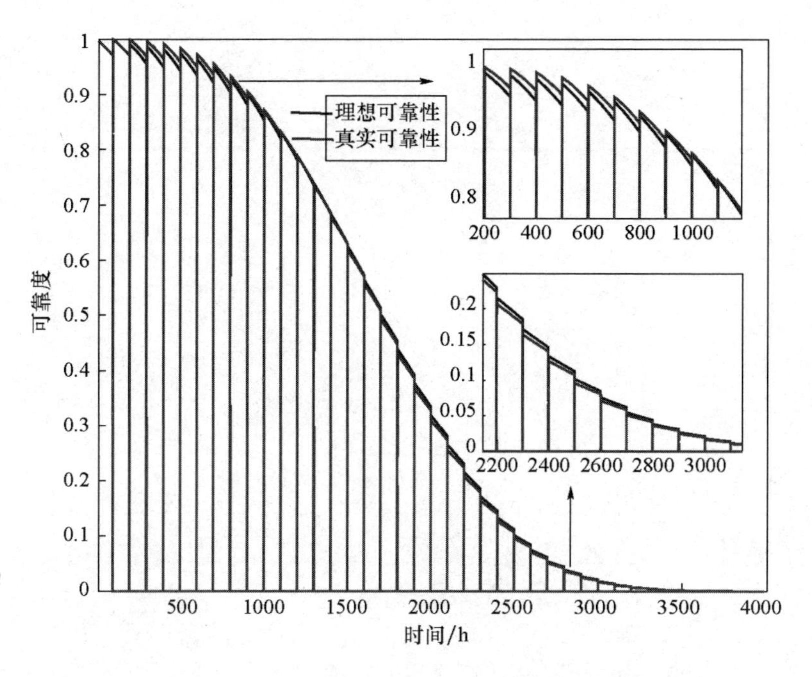

图 5－4　考虑不同环境因子时的系统可靠性

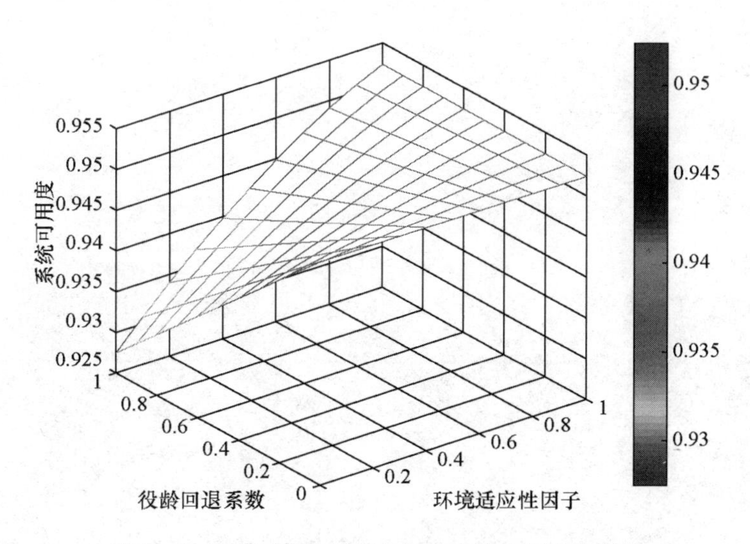

图 5－6　环境因子和维修效能对系统可用度的影响